# HOW TO MAKE **BREAD**

# 經典歐式麵包大全

義大利佛卡夏・法國長棍・德國黑裸麥麵包，「世界級金牌烘焙師」60道經典麵包食譜

艾曼紐・哈吉昂德魯 著
Emmanuel Hadjiandreou

# 目錄

· 除非有特別說明，本書提及的量匙計量皆為平匙。

· 烤箱必須預熱至指定溫度。本書食譜以風扇／對流烤箱測試，若使用傳統烤箱，請參考產品說明
　書調整溫度。

· 除非有特別說明，否則本書所使用的雞蛋皆為中型蛋。部分食譜會使用生蛋或半熟蛋，這些製作
　成品不建議給嬰幼兒、老人、免疫系統受損者或孕婦食用。

謹將本書獻給全力支持我的賢淑愛妻麗莎、
我的好兒子諾亞 · 艾略特，
以及引導我走過人生旅途的家母愛蓮娜。

# 走過歐洲各國，烘焙出歐式麵包的經典

自我有印象以來，烘焙就是我生命中很重要的　部分。小時候，父親和叔叔經營自家餐廳，對我的飲食生活有很大的影響，這讓我能接觸到許多新奇有趣的風味，進而幫助我今日在烘焙上能盡情揮灑創意。

麵包是很特別的東西，從混合材料開始，到烘烤完成，將麵包成品從烤箱中取出，輕敲它的底部、確認聲音，然後聞著逐漸冷卻時散發的迷人香氣，每個階段都讓人感到不可思議的神奇魔力。

我對麵包烘焙一直樂此不疲，無論我必須做出多少個麵包，或是面對任何挑戰，我都會全心全力，本著只製作一個成品的熱忱，用心烘烤每一個麵包。

我在南非和納米比亞的德式烘焙坊實習並取得資格，此後便與我的妻子麗莎一起到希臘和德國工作旅遊，建立麵包基礎，並學習新的技巧和食譜配方。那段期間，我學會如何在不犧牲品質與一致性的情況下，製作出大量麵包及個別展示樣品。

抵達英國以後，我的眼界大開！認識了許多熱情十足且志同道合的烘焙師，也有幸能與他們合作。我熱切渴望學習、開發並創作新的麵包。我覺得自己很幸運，能使用到市面上最優質、最自然的有機食材，而且有著最棒的工作環境。

在我烘焙與經營麵包坊的生涯之中，我向來樂於帶領學徒與年輕師傅進入我的麵包世界，啟發他們，幫助他們成為成功、熱忱且有見識的烘焙師。我現在將大部分時間投注在教學工作，透過教學，看到學生們學習如何成功烤出一個好麵包的過程，和我自己動手烘焙一樣充滿樂趣。

這本書集結了我個人烘焙生涯發展出的許多配方，每一份食譜都經過完整的試做與測試，也獲得了絕佳的反應。我的終極目標一直是要做出具有深度味道、讓人滿意、外皮優異的麵包。這本書會從麵包烘焙的基本步驟開始，一直到有趣的酸種麵包製作，引導你走過烘焙的冒險旅程。我相信每個人都可以成功做出麵包，而且熟能生巧，烘烤出美味口感。

# 麵包與鹽 FLOUR AND SALT

製作麵粉的穀物有很多種，本書所使用的多為小麥粉或裸麥粉。

每一粒小麥都由三大主要構造組成：麥麩、胚乳與胚芽。磨麥的方式決定了麥粒的哪些部分會被去除，哪些會被保留在麵粉中。磨麥製造麵粉的方法主要有以下兩種：

1  **石磨麵粉：**是以兩塊磨石將麥粒壓碎而得，取得的麵粉為全麥粉，通常完整保留了麥粒的所有部分。將全麥粉過篩，也就是精緻處理後，得到的即為白麵粉，這種方法製作出來的白麵粉通常帶灰色，因為裡面含有無法去除的微量麥麩。

2  **滾輪研磨麵粉：**是利用一系列金屬滾軸將麥粒壓成粉末，這些粉末通常會被分解成不同的部分，然後重新組合，白麵粉通常是採取這種方式製作。購買麵粉時，除非包裝上特別註明為石磨麵粉，否則都是採滾輪研磨製作。

全麥粉包含了原粒小麥的完整成分，在磨粉過程中，麥粒的成分並沒有消失或受到破壞。

麵粉和水混合時，麵粉裡的澱粉會吸水，部分澱粉因此被轉化成糖。酵母菌會吃糖，製造出二氧化碳。麵粉與水的結合和揉麵糰的動作，有助於製造麵筋，讓麵團富有彈性，麵筋能將二氧化碳包裹住，確保麵包能夠膨脹，在烤好的麵包上面可以看到許多小洞，就是因為二氧化碳的緣故。

## 麵粉

小麥有很多不同的品種，磨坊會調配各個品種，製造出不同種類的白麵粉。舉例來說，中筋麵粉的蛋白質含量中等（因此筋度也中等），約為10%，這種麵粉的原粒小麥含量為75%，也就是說，大部分麥麩和胚芽都已經去除。中筋麵粉主要用在餅乾、糕點和部分蛋糕的烘焙。低筋麵粉的蛋白質含量更低（約8%），澱粉含量高。

在製作麵包時，我們需要使用的是高筋麵粉，這種麵粉是磨坊特別調配的，蛋白質含量高（至多17%），在發酵過程中能包裹二氧化碳，賦予麵包良好的質地，建議以有機或無漂白麵粉製作麵包，風味及效果較佳。

其他筋度不同的麵粉，還有「半全麥麵粉」。在英國，麥芽麵粉或仿穀倉牌配方麵粉（Granary-style flour，為英國知名麵粉品牌）指的是一種添加了發芽麥粒的半全麥麵粉。製麥芽是一種讓穀粒發芽，使澱粉在此階段轉化成糖，再加以烘焙的程序。麥芽可以整粒加入麵粉中，或是先研磨後再和麵粉混合，利用這種麵粉做成的麵包比較甜，也帶有較重的堅果香，若無法取得這種麵粉，也可以自行調配（參考本書第19頁）。

自發粉或自發麵粉是添加了泡打粉（又叫發粉）的麵粉，大多用於蛋糕製作。

在德國與法國，麵粉按灰分含量（ash content）來命名。數字越高，蛋白質含量越高，原粒小麥的比重也越高。法國麵粉種類介於45型至150型之間，德國採用的數字則介於450與1600之間。在義大利，麵粉按研磨程度來分類，從所謂的1型，再到0型和細粉狀筋度低的00型。

## 裸麥麵粉

裸麥麵粉的麵筋含量比一般麵粉低，能製作出質地密實的麵包。這種麵粉的纖維、礦物質和抗氧化劑的含量較高。市面上的裸麥麵粉有淡色（light）、中色（medium）與深色（dark）之分，是以麥麩含量為分類依據。在美國，深色裸麥麵粉有時也被稱為裸麥粗粉。

## 斯佩爾脫小麥粉

斯佩爾脫小麥（Spelt Flour）是一種古老的小麥原種，又稱為古羅馬小麥，在德國叫做dinkel，義大利則稱為farro。這種小麥製作而成的麵粉通常是白麵粉或全麥粉，它的纖維與蛋白質含量高，比一般小麥更容易消化，因此適合小麥不耐症的人食用。

## 高粒山小麥或卡姆小麥麵粉

高粒山小麥（Khorasan）是一種古老的小麥原種，又稱古埃及小麥（Egyptian）。這種小麥的蛋白質含量高，適合小麥不耐症的人食用。市面上通常以卡姆小麥粉（Kamut Flour）作為銷售名稱。

## 鹽

在麵包製作的過程中，食鹽扮演了非常重要的角色，不但能調味，也會和麵粉裡的蛋白質作用以強化麵筋，並讓麵包表面上色。鹽也具有防腐功能，有助於延長麵包的保存期限。但加入太多鹽，有可能抑制發酵，須特別注意。

# 酵母與水 YEAST AND WATER

酵母是單細胞菌類。我在第8頁曾提到，酵母會吃糖，製造出二氧化碳和少量酒精，這是一種很重要的發酵作用，因為它能夠讓麵包膨脹，同時也能增添麵包的風味。本書食譜使用到的酵母有三種：新鮮酵母或乾酵母（活性乾酵母）、可自行製作的酸麵種（參考19頁）。

## 酵母的種類

新鮮壓縮酵母一般以塊狀型式販賣，顏色為米色，通常易碎，或成膏狀。新鮮酵母若長時間暴露在空氣中會發生氧化，顏色因此變深，變深的酵母應捨棄不用，其餘部分則需盡速用完。新鮮酵母應冷藏保存，並置於密封容器或用保鮮膜包裹起來。

使用乾酵母或活性乾酵母時，必須先將酵母溶於水中（速發酵母或即溶酵母應直接混入麵粉中，不在本書使用範圍）。

一旦開封，乾酵母必須放在密封容器中保存。本書所使用的酵母為新鮮酵母或乾酵母（活性乾酵母），儘管如此，我還是建議大家盡量使用新鮮酵母。使用乾酵母時，重量約為新鮮酵母的一半。使用前務必留意保存期限。

## 水

水能幫助酵母讓麵團膨脹，也可以增進麵粉中麵筋的形成。按照配方指示，使用冷水或溫水是很重要的一點。溫水的溫度大約與體溫相等，大概是以手指測溫感覺不冷不熱的程度。在硬水或是使用氯化水的地區，則應使用瓶裝礦泉水來製作。我在開始製作書中每一道麵包食譜之前，都會先將酵母溶於水中備用。

## 酸麵種 SOURDOUGH

　　烘焙師運用小麥、裸麥或其他穀物加水來製作酸麵種的做法，已有數千年的歷史。空氣和麵粉中都有野生酵母孢子的存在，將麵粉和水混合，讓這個混合物進行發酵，使酵母菌數量增加並製造出二氧化碳，就能製作出麵種（也稱為老麵種）。麵種的培養需要三到五天的時間，在完成製作以後，就可以用來（取代酵母）製作麵包。

**Day1：**將1茶匙麵粉和2茶匙水混合，放在乾淨的玻璃罐中，密封靜置一晚。

**Day2,3,4,5：**在玻璃罐中加入1茶匙麵粉和2茶匙水，攪拌均勻，表面會出現越來越多氣泡。

　　製作麵種時，從玻璃罐中取15g（1茶匙）混合物，放入大碗中，和150g（1杯麵粉）與150g（150ml或⅔杯）溫水混合均勻，然後將大碗蓋起來，讓混合物發酵一晚。隔天，你就可以按食譜所需分量，將它當成麵種使用。

　　在玻璃罐中剩餘酵種內加入1茶匙麵粉，然後密封冷藏，待下次使用。如果在冰箱裡放置太久，酵種可能會進入休眠狀態，此時，應捨棄酵種表面的酸性液體，再加入30g（2湯匙）麵粉與30g（30ml或2茶匙）水，混合均勻成糊狀，然後密封靜置一晚，隔天，如果表面有氣泡形成，就可以使用酵種製作麵種；如果沒有氣泡形成，就需按照上述步驟重新製作。悉心照顧你的酸麵種，就可以一直維持下去。

day 1　　day 2　　day 3　　day 4　　day 5

# 工具與設備 TOOLS AND EQUIPMENT

麵包製作首重精確，因此書中提及材料分量之處（包括鹽、酵母與液體），我都先以公制表示，再以美國地區慣用的杯、oz.、茶匙或湯匙表示。我極力建議大家使用高精度電子秤來秤重。

一杯正確測量的白麵粉，重量為120g或是4¼ oz.。若使用量杯秤重時，可用湯匙將麵粉舀入量杯，再將多餘的部分刮到有倒口和把手的乾淨玻璃杯或壓克力量杯裡。

**精密電子秤：**一般秤的刻度通常分為1g、2g或5g，最好使用刻度為1g的秤，才能精準地測量出酵母、鹽與水等材料的重量。

**攪拌盆：**最少應準備二只攪拌盆（容量約2公升或8杯）和一只小攪拌盆（容量約1公升或4杯）。就尺寸來說，小盆應能緊貼在大盆中，製作時，方便將小盆倒過來放在大盆中，或是將大盆倒過來蓋在小盆上。我發現，要將乾材料和濕材料混合時，這是最方便的方法，此外在麵團發酵的時候，也能輕易地將麵團蓋起來。我通常使用塑膠盆或耐熱玻璃盆，不過如果你選擇耐熱玻璃盆時，將它從溫度不高的櫥櫃中拿出來使用時，記得先用溫水沖洗，讓攪拌盆回溫。

**深烤盤：**你需要在深烤盤裡放一杯水，好在烤箱中製造蒸汽。在預熱烤箱之前，就應該把深烤盤放在烤箱底部。

**麵包烤模：**本書所使用的是容量500g／6×4英吋（或1磅）與900g／8½×4½英吋（或2磅）的麵包烤模。

**發酵籃：**有許多不同的形狀和尺寸，於麵團發酵時盛裝使用。發酵籃可以讓麵包成形，並讓烘烤完成的麵包皮上創造出迷人的圖樣。發酵籃的材質有很多種，雖然並非絕對必要的工具，不過對熱衷此道的烘焙師來說，是個很好的投資。

**發酵布（醒麵布）：**這是一塊厚麻布，通常放在發酵籃中（尤其在製作法國長棍麵包的時候），具有支撐麵團的功能，也能吸收一些麵團的濕氣，有助於麵包皮的形成。也可以使用較厚的乾淨茶巾或擦碗巾，在麵團發酵期間覆蓋麵團。

**烘焙石板：**烘焙石板有許多不同的材質和厚度，目的在於讓麵包在烘烤時能均勻受熱。使用石板時，應該將石板放進烤箱裡，和烤箱一起慢慢預熱。如果將冷石板突然放進炙熱的烤箱，可能會造成石板裂開。熱衷烘焙的人，可以考慮買塊烘焙石板。

**麵包鏟或披薩鏟：**利用這種鏟子將麵包送入炙熱的烤箱。

**烤盤：**在製作個別獨立的糕餅點心時，你通常會需要一個以上的烤盤。也可參考上面「烘焙石板」的介紹。

**麵團刮板：**金屬製的麵團刮板能讓你輕鬆且精準地分割麵團，或是也可以使用鋒利的鋸齒刀，同樣能帶來很好的效果。

**矽膠刮板：**能將沾黏在攪拌盆上的麵團和材料乾淨的刮下來，讓所有材料都能充分混合均勻。

**割紋刀：**這是一把非常鋒利的小刀，它就像是一把手術刀，在烘焙麵包之前，用它在麵包表面劃線，將麵包表面切開。你也可以取乾淨的剃刀刀片，將它牢牢固定在木製咖啡攪拌棒上（參考第52頁照片），或是以一把非常鋒利的小刀代替。

---

### 其他烘焙工具

除了上述較具專門的烘焙工具之外，你也可能會使用到下列常見的廚房用具。

| | | |
|---|---|---|
| *砧板 | *大菜刀 | *醬料刷 | *漏勺 |
| *保鮮膜或乾淨的塑膠袋 | *量杯、量匙 | *擀麵棍 | *散熱架 |
| *細篩或過濾器、麵粉篩 | *不沾烘焙紙 | *圓形蛋糕模 | *木匙 |
| *廚房計時器 | *廚房剪刀 | *醬汁鍋 | |

# 基本原則與祕訣 GUIDELINES AND TIPS

## 開始之前

1. 確定自己已經準備好所有的材料與正確的分量，沒有比做到一半才發現自己手上的麵粉種類不對、酵母過期或燕麥分量不足還更糟的事情。

2. 開始之前，需先把工作檯面清理乾淨。

3. 將所有材料的分量量好並擺放整齊。書中有些食譜會將同一種但分量不同的材料分別列出來，這是為了方便操作之故，舉例來說，其中一個步驟需要125g（1杯）高筋麵粉，之後還需要額外250g（2杯）麵粉，在準備時，需檢查是否有足夠的麵粉。

4. 將食譜從頭到尾讀完一遍，確定自己已經準備好攪拌盆、容器以及烤盤等需使用的所有工具。只有使用特定烤盤與特殊的麵包製作工具時（例如發酵籃與鋪上烘焙紙的烤盤），才會在個別食譜中條列出來。製作前，最好也假設每一則食譜都有可能需要用到本書第13頁列出來的其他基本廚房工具。

5. 食譜上說明可做出一個小麵包，其大小就相當於一個500g（6×4英吋）麵包模做出的麵包，約可切成12片；如果是大麵包，則相當於900g（8½×4½英吋）麵包模做出的麵包，約可切成21片。

## 麵團的製作與揉捏

1. 在按照食譜操作之前，請先將所有乾材料混合均勻。

2. 在按照食譜操作之前，先確定酵母已經完全溶於水中。

3. 很多食譜通常會建議大家將乾材料混進濕材料中，如此一來就能用裝乾材料的攪拌盆來覆蓋混合物，我個人認為這是個好方法，因此也在本書大部分食譜中如此建議。

4. 確定將所有材料都混合均勻。你可以先用木匙攪拌，等混合物能形成麵團時，再繼續用手揉捏混合。

5. 你可以使用矽膠刮板將攪拌盆周圍和木匙上的材料刮下來，然後確定所有材料都已均勻混合，並將麵團整成圓球狀，準備開始靜置發酵。

6. 將盛裝乾材料的攪拌盆倒過來，覆蓋住裝有麵團的攪拌盆，就能完整將攪拌盆緊密蓋好，或是也可以用乾淨的塑膠袋將攪拌盆包覆起來。不建議使用保鮮膜，因為麵團膨脹後可能會黏在保鮮膜上。

7. 根據食譜指示的時間靜置麵團，通常為10分鐘，麵筋會在這段時間開始形成（參考第8頁）。

8. 麵團經過靜置後，必須經過揉捏，以強化並增進麵筋的形成。我個人堅持使用一種非常基本的揉捏方法，請參考本書第20頁的做法與圖解說明，將麵團在攪拌盆裡摺疊10次，大約10秒鐘，這個步驟並不需要耗費力氣的長時間敲打、重擊。

9. 這個10秒鐘的揉捏過程總共需進行四次，每一階段的捏揉之間，都得讓麵團靜置休息10分鐘。每次揉捏的時候，我都會在麵團上做個小小的壓痕記號，藉此提醒自己已經進行到哪一個捏揉階段。你有時候會在本書照片中看到麵團上出現壓痕記號，就是這個緣故。

10. 在經過四階段的捏揉以後，再次將麵團包覆起來（如步驟6），讓麵團靜置一個小時，進行一次發酵並讓風味熟成。麵團蓋起來的目的，是為避免麵團表面形成硬皮。

## 整形

1. 一個小時後，打開攪拌盆。你會發現靜置後的麵團散發著一股酒精味，這是因為發酵的過程會產生酒精之故。用來覆蓋的攪拌盆或塑膠袋上，也會出現一些濕氣。

2. 此時麵團應該已經大幅膨脹，用拳頭輕輕按壓，讓麵團內的氣體排出。

3. 在乾淨的工作檯撒上少許麵粉（使用食譜中用到的麵粉），將麵團從攪拌盆中取出，放在工作檯上。

4. 如果麵團會黏手，可在麵團表面或手上撒上一些麵粉，避免黏手。

5. 用雙手將麵團整成球形、扁橢圓形、吐司形或食譜中描述的形狀。

6. 有時候，麵團整形的說明看起來可能很複雜或很麻煩，不過麵團必須以這樣的方式來處理和整形，才能讓麵筋盡可能地形成，並且確保麵團在烘烤時能夠均勻膨脹。

7. 如果你要做出兩個以上的麵包，可使用金屬製麵團刮板或鋒利的鋸齒刀將麵團均分。我通常會將每一等份秤重，然後增加或減少每一份麵團的重量，直到它們全都

等重，如此一來也能確保每一份麵團都能均勻地烘烤。

8. 如果在整形時，發現麵團在收縮或是表面龜裂，則再度覆蓋麵團，繼續靜置5分鐘。

9. 按照食譜指示，將麵團放上鋪了烘焙紙的烤盤、撒上麵粉或鋪了布的發酵籃、或是抹了油的烤模中。

## 二次發酵

1. 現在，麵包可以進行二次發酵了。溫暖且稍微潮濕的環境是進行二次發酵的最佳條件，因此，在這個步驟必須將麵團再度蓋起來。

2. 建議將烤箱化為「發酵箱」。為了達到這樣的條件，你可以將烤箱預熱到最低設定值（50℃或120℉），然後，將烤箱關掉，這一點非常重要。在烤箱中央放入一個架子，然後在架子上放上一條乾淨的濕茶巾或擦碗巾，將麵包放在溫暖烤箱內的茶巾上，讓麵團膨脹。經常觀察麵團的狀況，一旦麵團體積膨脹到約兩倍大時，就可以將麵包和茶巾拿出來，然後將烤箱預熱到指定溫度，準備烘烤。

3. 如果不想這樣使用烤箱，你還是可以把攪拌盆倒過來當蓋子使用，或是用乾淨的透明塑膠袋將攪拌盆包覆起來，然後在附近放一杯溫水。這杯水或是步驟2的濕茶巾，能夠提供麵團膨脹時所需的濕度和溫暖環境。

4. 二次發酵的膨脹非常重要，因為它能鼓勵酵母繁殖，讓我們得到輕盈、蓬鬆的麵包。

## 切割

1. 在二次發酵完成以後，你可以在麵包上方切割出圖形，如此一來，麵包烘烤時，空氣也可以從這些地方釋放出。

2. 可以使用麵團割紋刀切割麵包（參考第13頁），或是將乾淨的刀片固定在木製咖啡攪拌棒的一端，或是用一把鋒利的小刀進行切割。

3. 切割時只需輕輕畫過麵包表面即可，不要切太深。切割時，刀片和麵包表面應呈45度角。

## 烘焙

1. 大多數的食譜，會需要將烤箱預熱到最高設定值，可以的話，應使用旋風設定，將烤箱預熱到240℃（475℉），溫度等級9。如果烤箱沒有旋風功能，則應選擇能將烤箱從上到下完整預熱的設定。

2. 給烤箱充分的時間預熱，以達到指定溫度。每個烤箱都不一樣，不過一般而言，你會需要20～30分鐘才能達到最高溫度。

3. 在烤箱中間放好架子，將烤模和麵包放上去。

4. 在烤箱底部放一個深烤盤。

5. 準備一杯水放在旁邊備用，這是等會用來製造蒸汽用的。

6. 若使用烘焙石板，將石板放在烤箱中央架子上一起預熱。千萬不可以將冷石板放進熱烤箱，因為突如其來的溫度改變可能會讓石板裂開。

7. 待一切條件就緒，就可將麵包放入烤箱。如果使用烤模，可讓烤模滑進烤箱中央的架子上，並馬上將一旁備用的水倒入烤箱底部的熱烤盤中。

8. 如果麵包原本在發酵籃中，則將麵包移到撒了麵粉的麵包鏟上，然後讓麵包滑到已經預熱好的石板上。如果沒有石板，則將麵包直接移到鋪好烘焙紙的烤盤上，然後放到烤箱中央的架子上。記得把準備好的水倒入烤箱底部的熱烤盤中。

9. 蒸汽之所以重要，有許多原因。麵包進了烤箱以後，會由外到內慢慢烘烤。如果沒有蒸汽，麵包上色不佳，表面可能會龜裂。蒸汽有助於麵包上色並軟化表皮，讓空氣排出，如此一來，麵包表面就不會龜裂。此外，切割處的切口會更加明顯，烤出更漂亮的顏色與麵包皮。

10. 在適當預熱的烤箱烘烤麵包。食譜中若有特別提及，也應該記得降低烤箱溫度。

11. 如果麵包上色太深，可降低烤箱溫度，並且用一張烘焙紙覆蓋表面。

12. 要檢查麵包是否已經烤透，可以將麵包從烤模裡倒出，或是把麵包倒過來並輕敲底部，烤透的麵包會發出空洞的聲音。

13. 如果還沒烤好，再將麵包放回烤箱中，繼續烤幾分鐘。

14. 如果已經烤透了，就可以將麵包放在散熱架上放涼。

15. 請記住，當完成的麵包如再次加熱烘烤，表皮會變得過硬，烘烤時請勿超過15分鐘。

# BASICS & OTHER YEASTED BREADS

Part 1

基本技巧 & 酵母麵包

# 原味白吐司 *Simple White Bread With Two Variations*

這份食譜可以說是最適合新手的入門食譜,本書的大多數食譜都是以此配方為基礎。兩種變化款的製作方式與原味白吐司完全相同,只不過麥芽麵粉可能不容易購買,所以你也可以使用下面建議的麵粉配方。

### 白麵粉

白高筋麵粉……300g(2⅓杯)
食鹽……6g(1茶匙)
新鮮酵母……3g
*或乾酵母……2g(¾茶匙)
溫水……200g(200ml或¾杯)

### 麥芽麵粉

麥芽麵粉……300g(2½杯)
*或未漂白高筋麵粉……1½杯
　雜糧麵粉或中色裸麥麵粉……⅔杯
　麥芽麥片……⅓杯

食鹽……6g(1茶匙)
新鮮酵母……3g
*或乾酵母……2g(¾茶匙)
溫水……200y(200ml或¾杯)

### 全麥麵粉

石磨全麥麵粉或全麥麵粉…300g(2½杯)
新鮮酵母……3g
*或乾酵母……2g(¾茶匙)

食鹽……6g(1茶匙)
溫水……230g(230ml或約1杯)

• 使用500g(6×4英吋)的麵包烤模,在烤模內抹上植物油,可做出1個小麵包。

1 取一只較小的攪拌盆,將麵粉和鹽攪拌均勻後,放在一旁備用,此為乾混合物。

2 取另一只較大的攪拌盆,秤出適重酵母。

3 將水加入酵母中。

4 攪拌至酵母溶解,此為濕混合物。

5 將乾混合物加入濕混合物中。

6 先用木匙攪拌、再用手混合,直到形成麵團。

7 用刮板將攪拌盆邊緣的麵糊刮乾淨,確保所有材料完全混合。

8 用盛裝乾混合物的攪拌盆,將麵團覆蓋起來。

9 靜置10分鐘。

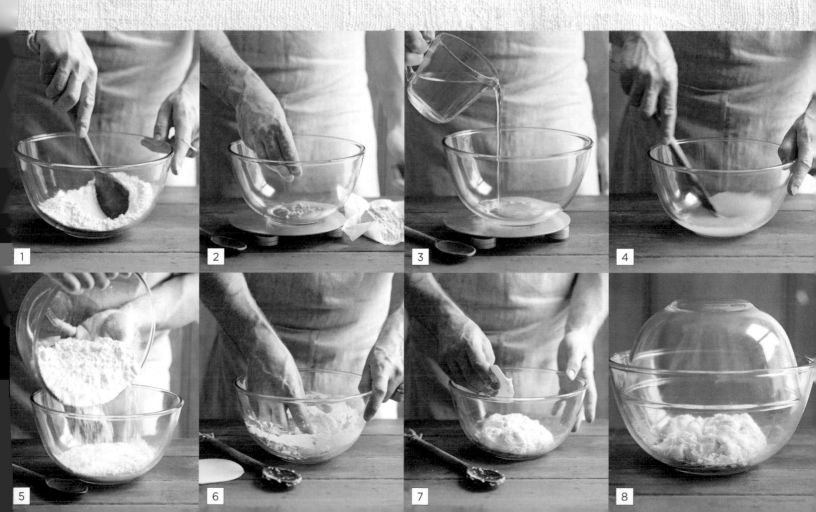

10　10分鐘後，就可以開始揉麵團。將麵團放在攪拌盆中，從旁邊拉起一部分麵團，將它從中間壓下去，稍微轉動攪拌盆，再次進行同樣的動作，重複此動作八次，整個過程大約只需10秒鐘，麵團就會開始出現韌性。（見圖10-1、10-2、10-3）

11　再次把攪拌盆蓋上，靜置10分鐘。

12　重複步驟10和步驟11兩次。在第二次揉麵團時，可以感受到麵團在拉扯時，會展現出強度韌性。

13　進行第三次揉麵團後，麵團表面會呈現光滑狀。

14　重複步驟10動作，進行第四次揉麵團。

15　第四次揉麵團結束後，將麵團翻過來，在你面前應該是一個表面光滑的球狀麵團。

16　再次把攪拌盆蓋上，讓麵團靜置1個小時。

17　麵團膨脹至兩倍大時，用拳頭輕輕敲打，幫助裡面的空氣排出。

18　在乾淨的工作檯上撒上少許麵粉。

19　將麵團從攪拌盆中取出，放在撒了麵粉的工作檯上。輕壓麵團，讓麵團呈橢圓形。

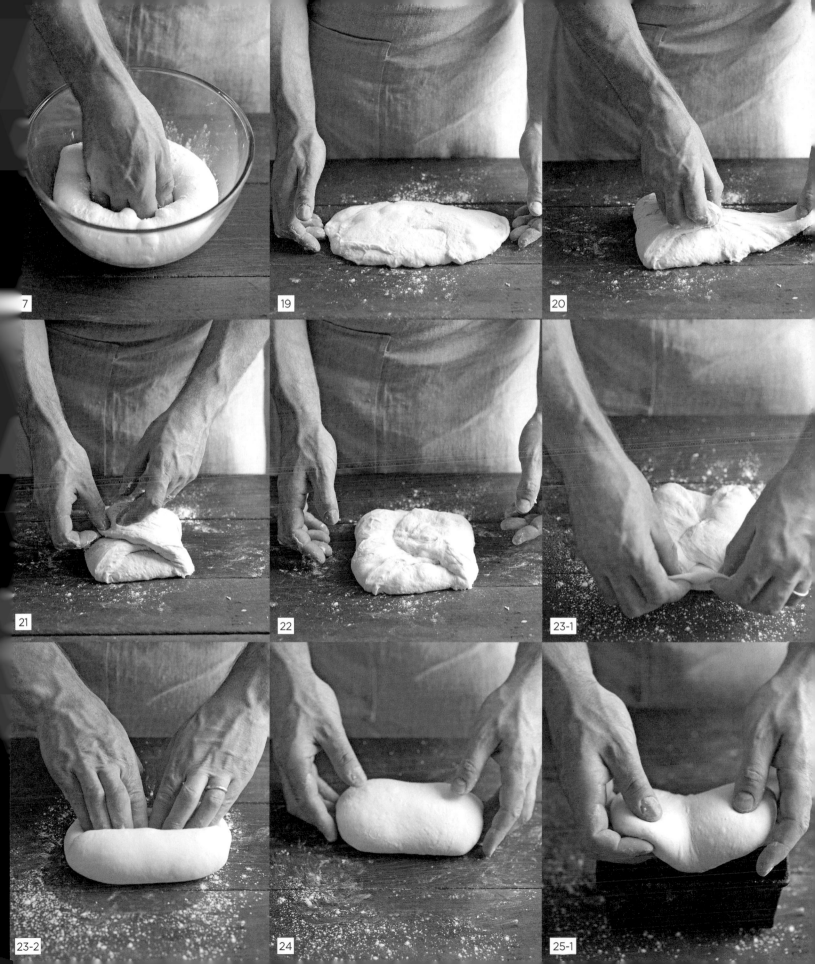

• 白麵粉

• 麥芽麵粉

• 全麥麵粉

25-2

28

30

31

20 將麵團右端往內摺。

21 將麵團左端往內摺。

22 輕壓中央,讓麵團接口處密合。現在麵團大致呈長方形。

23 開始整形麵團,讓麵團呈長條狀。將長方形上端三分之一拉起來往內摺,壓入麵團中。(見圖23-1、23-2)

24 將麵團旋轉180度,然後重複步驟23,一直到整出與烤模差不多大小且表面平整的長條形為止。

25 將麵團放進準備好的烤模中,接縫處朝下(圖片25-2顯示本食譜的三個版本,由上而下分別為白麵粉、麥芽麵粉與全麥麵粉,分別放入烤模中)。(見圖25-1、25-2)

26 用大攪拌盆或乾淨(打開)的塑膠袋將烤模蓋起來,待麵團膨脹至將近兩倍大為止,約需30〜45分鐘。

27 在烘烤前20分鐘,將烤箱預熱至240℃(475℉),溫度等級9(若可能請開啟旋風功能),或是將烤箱預熱到最高溫。在烤箱底部放置一個深烤盤,和烤箱一起預熱。在旁邊放一杯水備用。

28 麵團靜置完畢,將攪拌盆或塑膠袋打開。

29 將烤模放進預熱好的烤箱,將一旁備用的水倒進炙熱的深烤盤中製造蒸汽,並將烤箱溫度降低至200℃(400℉),溫度等級6。

30 烘烤約35分鐘,或直到表面呈金黃色澤為止。

31 要檢查麵包是否烤透,可將麵包從烤模中倒出來並輕敲底部,如發出空洞的聲音即為完成。

32 如果還沒烤透,則將麵包放回烤箱中,繼續烤幾分鐘。如果已經烤好了,就將麵包放在散熱架上放涼。

2

4

5

# 小圓麵包 *Bread Rolls*

製作三明治時，可以用小圓麵包來代替切片吐司，也很適合拿來做漢堡。

白高筋麵粉……200g（1½杯）
食鹽……4g（¾茶匙）
新鮮酵母……6g
*或乾酵母（活性乾酵母）……3g（1茶匙）
溫水……130g（130ml或½杯）

1　參照第19至23頁「原味白吐司」的麵團製作方式，只需進行到步驟19。

2　用金屬刮板或鋒利鋸齒刀將麵團分成四等份。

3　每一份的重量應為80g（或2½至3oz.）。可以替每一份麵團秤重，然後增加或減少每一份麵團的重量，直到它們全都等重為止。

4　取一份麵團，用手掌搓揉至平滑的球形。輕輕將一面壓平，然後將平面朝下，放在準備好的烤盤上。用同樣的方式處理其他麵團。

5　用大攪拌盆將麵團蓋起來。

6　讓麵團膨脹至兩倍大，約需15～20分鐘。

7　同時，預熱烤箱至240℃（475℉），溫度等級9（若可以請開啟旋風功能），或是將烤箱預熱到最高溫。在烤箱底部放置一個深烤盤，和

• 在烤盤上鋪上烘焙紙進行烘烤，可做出4個小圓麵包。

烤箱一起預熱。在旁邊放一杯水備用。

8　小圓麵包膨脹完成，將攪拌盆拿起來。

9　將小圓麵包放入預熱好的烤箱，將一旁備用的水倒進炙熱的深烤盤中製造蒸汽，並將烤箱溫度降低至200℃（400℉），溫度等級6。

10　烘烤約15分鐘，或直到表面呈金黃色澤為止。

11　要檢查麵包是否烤透，可將一個小圓麵包倒過來並輕敲底部，如發出空洞的聲音即為完成。

12　如果還沒烤透，則將麵包放回烤箱中，繼續烤幾分鐘。如果已經烤好了，就將麵包放在散熱架上放涼。

# 蘇打麵包 *Plain Soda Bread*

白高筋麵粉或全麥麵粉……250g
（2杯）
食鹽……6g（1茶匙）
小蘇打……4g（1茶匙）
全脂牛奶或酪奶（白脫牛奶）
……260g（260ml或1杯加1湯匙）

• 使用抹上植物油的派盤，或是鋪
上烘焙紙的烤盤，可做出1個小
麵包。

這是最簡單的麵包之一，不需要酵母也不需要醒麵，並可以依照個人喜好，利用白
麵粉或全麥麵粉製作。製作蘇打麵包的祕訣，在於以最少的混合物快速攪拌做出麵
團，然後盡快烘烤。趁熱搭配奶油，或是抹上自製果醬，都是很棒的選擇。

1 將烤箱預熱至200℃（400℉），溫度
等級6。

2 取一只攪拌盆，將麵粉、食鹽和小蘇
打混合均勻，放在一旁備用，此為乾
混合物。

3 將牛奶或酪奶倒進乾混合物中，混合
成團，不要過度攪拌。

4 在乾淨的工作檯上撒上麵粉。

5 將麵團移到撒了麵粉的工作檯上。

6 將麵團整成球形並稍微壓扁，在麵團
表面裹上大量白麵粉或全麥麵粉。

7 用鋒利鋸齒刀在麵包表面深深劃上十
字（圖7照片上為白麵粉麵包與全麥
麵粉麵包）。

8 將麵團放進準備好的派盤或烤盤。

9 將麵包放入預熱好的烤箱，烘烤20～
30分鐘，或烤透為止。要檢查麵包是
否烤透，可將麵包倒過來並輕敲底
部，如發出空洞的聲音即為完成。

10 如果還沒烤透，則將麵包放回烤箱
中，繼續烤幾分鐘。如果已經烤好
了，就將麵包放在散熱架上放涼。

# 葡萄乾全麥蘇打麵包

*Wholegrain Fruit Soda Bread*

我在戴萊斯福德有機食品（Daylesford Organic）服務時創作了這款麵包，替傳統蘇打麵包增添了一些變化。這款麵包的質地很有趣，甜味來自葡萄乾。只要在前一晚準備好材料，隔天早上就能輕鬆烘烤享用。

切碎或壓碎的小麥片……125g（1杯）
無籽葡萄乾或金黃葡萄乾……50g（½杯）
全脂牛奶……125g（125ml或½杯）
全麥麵粉或純白全麥麵粉……125g（1杯）
食鹽……3g（½茶匙）
小蘇打……3g（¾茶匙）
一顆檸檬擠出的新鮮檸檬汁與磨碎的檸檬皮

• 在烤盤上鋪上烘焙紙進行烘烤，可做出1個小麵包。

1　取一只較大的攪拌盆，將切碎或壓碎的小麥片、無籽葡萄乾或金黃葡萄乾、牛奶、檸檬汁和檸檬皮混合，此為濕混合物。

2　把一只較小的攪拌盆倒過來蓋住濕混合物，放入冰箱冷藏一晚。

3　隔天，將烤箱預熱至200℃（400℉），溫度等級6。

4　從冰箱取出濕混合物，移開蓋在上面的小攪拌盆，然後用小攪拌盆盛裝麵粉、食鹽和小蘇打，此為乾混合物。

5　將乾混合物加入濕混物中，用木匙攪拌混合，直到形成麵團為止。

6　如果混合物太乾，無法成團，則再加入少許牛奶。

7　在乾淨的工作檯上撒上少許麵粉。

8　從攪拌盆中取出麵團，放在撒了麵粉的工作檯上，在麵團上方撒上一些全麥麵粉。

9　將麵團整成球形，並在麵團上撒上大量麵粉。

10　將麵團輕輕壓扁，然後用一把鋒利鋸齒刀在表面深深劃上十字。

11　將麵團放在準備好的烤盤上。

12　放入預熱好的烤箱，烘烤20～30分鐘，或烤透為止。要檢查麵包是否烤透，可將麵包倒過來並輕敲底部，如發出空洞的聲音即為完成。

13　如果還沒烤透，則將麵包放回烤箱中，繼續烤幾分鐘。如果已經烤好了，就將麵包放在散熱架上放涼。

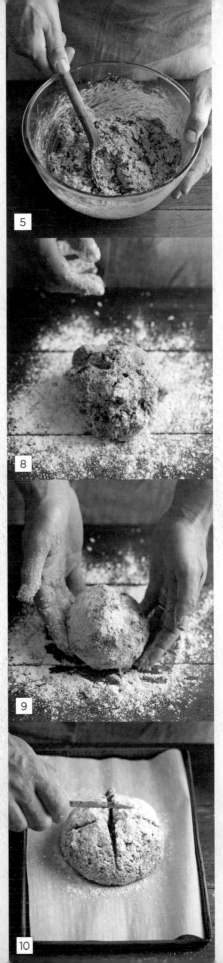

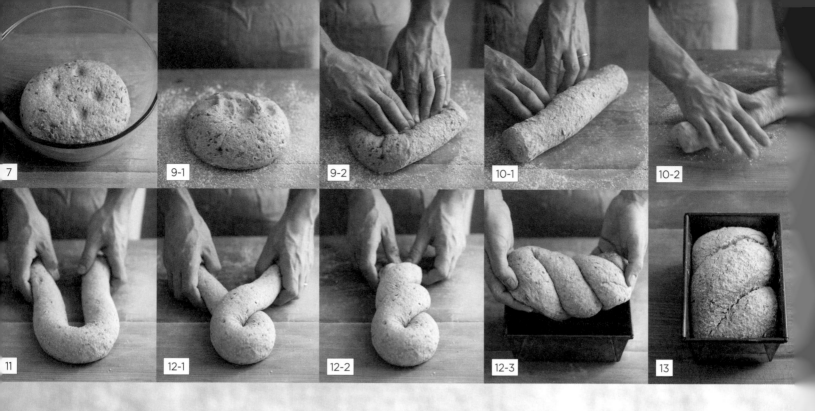

# 雜糧種子麵包 *Multigrain Seeded Bread*

冷水……300g（300ml或1¼杯）
芝麻粒……20g（2湯匙）
亞麻子……20g（2湯匙）
蕎麥粒或烘焙蕎麥…20g（2湯匙）
向日葵籽……20g（2湯匙）
*亦可選用輕焙向日葵籽
全麥麵粉……500g（4杯）
食鹽……10g（2茶匙）
新鮮酵母……8g
*或乾酵母（活性乾酵母）
……4g（1¼ 茶匙）
溫水…80g（80ml或1⅓杯）

• 使用900g（8½×4½英吋）的麵
包烤模，在烤模內抹上植物油，
可做出1個大麵包。

這個健康的麵包因為含有各種種子，而有著美妙的堅果味，只要吃一片就能讓人感到滿足，並帶來長時間的飽足感。

1　將300g的冷水和所有種子放進較大的攪拌盆加以攪拌，此為濕混合物。將一只較小的攪拌盆倒過來，蓋在大攪拌盆上，放進冰箱冷藏一晚。

2　隔天，將濕混合物從冰箱取出，移開上面的小攪拌盆，將麵粉和食鹽放在小攪拌盆中，此為乾混合物。

3　取另一只小碗，放入酵母，再加入80g的溫水，攪拌至酵母溶解為止。

4　將酵母溶液加入濕混合物中，再加入乾混合物，再用手混合，直到形成麵團為止。將放置乾混合物的小攪拌盆當作蓋子，將麵團蓋起來，靜置10分鐘。

5　按照第20頁步驟10的方式揉麵團。

6　再次蓋上攪拌盆，靜置10分鐘。

7　重複步驟5和步驟6兩次，再重複步驟5一次。之後，再次將麵團蓋上，讓麵團靜置膨脹一個小時。

8　取出麵團，用手按壓，擠出空氣。

9　在的工作檯上撒上麵粉，將麵團放在工作檯，將麵團的一邊往中間摺，再把另一邊往中間摺。（見圖9-1、9-2）

10　將麵團滾成長條狀，長度約為烤模的兩倍。（見圖10-1、10-2）

11　將長條狀麵團整成倒「U」形。

12　將兩股麵團相互交叉編織，全部編完後，就可以放進準備好的烤模中。（見圖12-1、12-2、12-3）

13　在麵包上撒上麵粉，覆蓋後使其靜置膨脹至約兩倍大，約需要45分鐘。

14　在進烤箱烘烤的20分鐘前，先將烤箱預熱至240℃（475℉），溫度等級9，將一只深烤盤放在烤箱底部。在旁邊放一杯水備用。

15　將麵包放進預熱好的烤箱，將在一旁的水倒入炙熱的深烤盤中，並將烤箱溫度降低至220℃（425℉），溫度等級7。烘烤約30分鐘，或烤透為止。可將麵包倒過來並輕敲底部，如發出空洞的聲音即為完成。

# 披薩 *Pizza Dough*

這個食譜的分量可以做出五張披薩麵皮。把麵團擀成麵皮以後，烘烤約10分鐘，或是烤到開始上色，就可以拿出來放涼，再用保鮮膜包起來，放進冷凍庫冷凍，待以後使用。要使用時，先拿出來解凍，放上餡料，再烘烤至顏色金黃即可。

白高筋麵粉……500g（4杯）
食鹽……10g（2茶匙）
新鮮酵母……2g
*或乾酵母（活性乾酵母）……1g（¼茶匙）
溫水……250g（250ml或1杯）
喜愛的餡料，如馬札瑞拉起司、新鮮鼠尾草、橄欖油和海鹽

• 利用烘焙紙、烤盤或烘焙石板，
　可做出5張披薩。

1　取一只較小的攪拌盆，將麵粉和食鹽攪拌均勻，放在一旁備用，此為乾混合物。

2　取另一只較大的攪拌盆，放入酵母，然後將水加入酵母中，攪拌至酵母溶解，此為濕混合物。

3　將乾混合物加入濕混合物中。

4　先用木匙、再用手攪拌，直到所有材料集結在一起形成麵團為止。

5　用盛裝乾混合物的攪拌盆將麵團蓋起來。

6　靜置10分鐘。

7　按照第20頁步驟10揉麵團。

8　再度覆蓋麵團，靜置10分鐘。

9　重複步驟7與步驟8兩次，然後再重複一次步驟7。

10　再次覆蓋麵團，讓麵團在陰涼處靜置24個小時。

11　隔天，待麵團膨脹至兩倍大，用手按壓麵團，擠出空氣。

12　在乾淨的工作檯上撒上麵粉。

13　將麵團從攪拌盆中取出，放在撒了麵粉的工作檯上。用金屬刮板或鋒利鋸齒刀將麵團分成五等份。

14　取一份麵團，在手掌間搓揉成表面平滑的圓球。輕輕將麵團的一面壓平，並將平面朝下，放在工作檯上。用同樣的方式處理其餘麵團。

15　用大毛巾覆蓋麵團，靜置10分鐘。

16　分別將每一個麵團擀成你喜歡的厚度。

17　用叉子在麵皮上戳洞。

18　把麵皮分別放在烘焙紙上，放上喜愛的餡料，再靜置10～15分鐘。

19　同時，將烤箱預熱至240℃（475℉），溫度等級9。將烤盤或烘焙石板放進烤箱一起預熱，在烤箱底部放入一只深烤盤。在旁邊放一杯水備用。

20　若使用麵包鏟或披薩鏟，輕輕讓披薩麵皮滑到撒了麵粉的鏟子上。

21　將披薩麵皮移到預熱好的烤盤或石板上，將一旁備用的水倒入炙熱的深烤盤中製造蒸汽，並將烤箱溫度降至220℃（425℉），溫度等級7。

22　烘烤約15分鐘，或烤透為止。分別烘烤剩餘的麵皮。

14　　16　　17　　18

# 巧巴達拖鞋麵包 *Ciabatta*

這種極受歡迎的義大利麵包以其特殊形狀為名，巧巴達為義大利文「ciabatta」的音譯，是「拖鞋」的意思。要讓麵包冒出那些可愛的泡泡，需要時間和耐心（以及橄欖油）。趁麵包溫熱時沾上橄欖油和巴薩米克醋，或是在上面塗滿奶油，是最棒的吃法。

白高筋麵粉或義大利「00」麵粉……200g（1½杯）
食鹽……4g（¾茶匙）
新鮮酵母……2g
*或乾酵母（活性乾酵母）……1g（¼茶匙）
溫水……150g（150ml或⅔杯）
橄欖油……50g（50ml或3湯匙）

• 利用鋪上烘焙紙的烤盤烘烤，
　可做出2個小拖鞋麵包。

1　取一只較小的攪拌盆，將麵粉和食鹽攪拌均勻，放一旁備用，此為乾混合物。

2　另一只較大的攪拌盆秤出適重酵母，加入溫水，攪拌至酵母溶解，此為濕混合物。

3　將乾混合物加入濕混合物中。

4　用木匙將混合物均勻攪拌，直到混合物變成一個相當黏手的麵團為止。

5　取另一只大攪拌盆，放入食譜分量三分之一的橄欖油，然後放入麵團。

6　覆蓋並靜置1小時。

7　1小時後，輕輕將麵團摺疊兩次。

8　蓋上盛裝乾混合物的攪拌盆。

9　重複步驟6～8三次，每次靜置麵團前加入一點橄欖油，如此一來，麵團就不會過度沾黏在攪拌盆上。

10　靜置結束，麵團應該膨脹飽滿且充滿氣泡。

11　在乾淨的工作檯上撒滿麵粉。

12　將麵團移到撒滿麵粉的工作檯上。動作必須輕巧，以免破壞麵團裡的氣泡。

13　用金屬刮板或鋒利鋸齒刀將麵團分成兩等份。

14　如果想精準測量，可分別秤重兩麵團，然後增加或減少每一份麵團的重量，直到它們全都等重為止。

15　雙手抹上麵粉，用手將麵團大致整成拖鞋形狀，在麵團上撒一些麵粉。

16　把麵團放到準備好的烤盤上。

17　讓麵團靜置5～10分鐘。

18　同時，將烤箱預熱至240℃（475℉），溫度等級9。

19　將拖鞋麵包放進預熱好的烤箱烘烤約15分鐘，或直到表面呈金黃色澤為止。（不需要在烤箱底部倒水製造蒸汽，因為拖鞋麵包麵團本身已經濕潤到足以自行製造出蒸汽。）

20　要檢查拖鞋麵包是否烤透，可以將麵包倒過來並輕敲底部，如發出空洞的聲音即為完成。

21　如果還沒烤好，則將麵包放回烤箱中再烤一下（拖鞋麵包應該要內軟皮薄，不要烤太久），如果已經烤好，就將麵包放在散熱架上放涼。

# 佛卡夏麵包 *Focaccia*

佛卡夏麵包和拖鞋麵包使用一樣的麵團，不過在製作佛卡夏時，麵團會當作基底，在上面放上各種可口的餡料。吃佛卡夏時可用手將它撕開，適合在野餐或長途搭車時享用。

白高筋麵粉或義大利「00」麵粉……200g（1½杯）
食鹽……4g（¾茶匙）
新鮮酵母……2g
*或乾酵母（活性乾酵母）……1g（¼茶匙）
溫水……150g（150ml或⅔杯）
橄欖油……50g（50ml或3湯匙）
依個人喜好選擇餡料，如新鮮迷迭香、粗海鹽；切細絲的紅洋蔥和煮熟的馬鈴薯塊；
去籽的卡拉馬塔紫橄欖；或是對半切的小番茄與油漬烘乾番茄。

- 利用鋪上烘焙紙的烤盤烘烤，可做出1個佛卡夏麵包。

1　取一只較小的攪拌盆，將麵粉和食鹽攪拌均勻，放一旁備用，此為乾混合物。

2　另一只較大的攪拌盆秤出適重酵母，加入溫水，攪拌至酵母溶解，此為濕混合物。

3　將乾混合物加入濕混合物中。

4　用木匙將混合物均勻攪拌，直到混合物變成一個黏手的麵團為止。

5　取另一只大人攪拌盆，放入食譜分量三分之一的橄欖油，然後放入麵團。

6　覆蓋並靜置1個小時。

7　1小時後，輕輕將麵團摺疊兩次。

8　蓋上盛裝乾混合物的攪拌盆。

9　重複步驟6～8三次，每次靜置麵團之前加入一點橄欖油，如此一來，麵團就不會過度沾黏在攪拌盆上。

10　靜置結束後，麵團應該膨脹飽滿且充滿氣泡。

11　將麵團移至準備好的烤盤上，動作必須輕巧，以免破壞麵團裡的氣泡。

12　覆蓋麵團，靜置10分鐘。

13　用指尖將麵團推開壓平，大致整成方形。

14　覆蓋麵團，靜置10分鐘。

15　在佛卡夏上面放上自選餡料，稍微將餡料壓進麵團中。如果你用了橄欖，則將橄欖集中排在麵團的一邊，然後將另一邊摺起蓋上並輕壓，烘烤時橄欖就不會燒焦（圖15-3）。在醬料上稍微淋上橄欖油。（見圖15-1、15-2、15-3、15 4）

16　覆蓋麵團靜置20分鐘，讓麵團膨脹至兩倍大為止。

17　同時，將烤箱預熱到240℃（475℉），溫度等級9。

18　將佛卡夏放進預熱好的烤箱烘烤約15～20分鐘，或直到表面呈金黃色澤為止（不需要在烤箱底部倒水製造蒸汽，因為佛卡夏麵團本身已經濕潤到足以自行製造出蒸汽）

19　要檢查佛卡夏是否烤透，可以將它倒過來並輕敲底部，如發出空洞的聲音即為完成。

20　如果還沒烤好，則將麵包放回烤箱中再烤一下，如果已經烤好了，就將麵包放在散熱架上放涼。

15-1　15-2　15-3　15-4

# 橄欖香草麵包 *Olive And Herb Bread*

橄欖一直是我生活中很重要的一個食材，能夠替麵包增添很棒的風味。我父親是希臘人，他住在希臘，到現在還會用鹽醃製橄欖。

去籽綠橄欖或紅心綠橄欖……40g（¼杯）
去籽黑橄欖……40g（¼杯）
綜合乾燥香草……1茶匙
白高筋麵粉……250g（2杯）
食鹽……4g（¾茶匙）
新鮮酵母……3g
*或乾酵母（活性乾酵母）……2g（¾茶匙）
溫水……180g（180ml或¾杯）

• 利用鋪上烘焙紙的烤盤烘烤，
  可做出1個小麵包。

1　將橄欖和乾燥香草混合，放一旁備用。

2　取一只較小的攪拌盆，將麵粉和食鹽攪拌均勻，放一旁備用，此為乾混合物。

3　另一只較大的攪拌盆秤出適重酵母，然後加入溫水，攪拌至酵母溶解，此為濕混合物。

4　將乾混合物加入濕混合物中。

5　先用木匙，再用手混合，直到混合物能形成麵團為止。

6　用盛裝乾混合物的攪拌盆覆蓋麵團。

7　靜置麵團10分鐘。

8　10分鐘後，將步驟1的橄欖混合物加入麵團中。按照第20頁步驟10的手法輕輕揉麵團，直到所有橄欖混合物都完全被揉入麵團為止。

9　再次蓋上麵團，靜置10分鐘。

10　重複步驟8和9兩次，再重複步驟8。再次蓋上麵團，靜置1小時。

11　麵團膨脹約兩倍大後，用拳頭輕輕按壓，讓麵團內的氣體排出。

12　在乾淨的工作檯上稍微撒點麵粉。

13　從攪拌盆內取出麵團，放在撒了麵粉的工作檯上，慢慢將麵團拉成長方形。

14　將長方形麵團的左三分之一往內摺。

15　將右三分之一麵團往內摺。

16　輕輕向下按壓，讓麵團封口密實，呈現一個漂亮的長方形麵團。

17　將麵團翻過來，放在準備好的烤盤上，並撒上麵粉。

18　覆蓋麵團，讓麵團膨脹至兩倍大，約需要30～45分鐘。

19　在烘烤前20分鐘，將烤箱預熱至240℃（475℉），溫度等級9。在烤箱底部放置一個深烤盤，和烤箱一起預熱。在旁邊準備一杯水備用。

20　麵團靜置完成，將攪拌盆或覆蓋物拿起來。

21　將麵包放入預熱好的烤箱，將一旁備用的水倒進炙熱的深烤盤中製造蒸汽，並將烤箱溫度降低至200℃（400℉），溫度等級6。

22　烘烤約35分鐘，或直到表面呈金黃色澤為止。

23　要檢查麵包是否烤透，可將麵包倒過來並輕敲底部，如發出空洞的聲音即為完成。

24　如果還沒烤透，則將麵包放回烤箱中，繼續烤幾分鐘。如果已經烤好了，就將麵包放在散熱架上放涼。

11 13 14 15 17

# 核桃麵包 *Walnut Bread*

核桃能為麵包帶來絕佳的風味，還能讓麵包搖身一變成為起司的絕配。這款核桃麵包也可以為週末悠閒時光帶來一點小奢侈。

麥芽麵粉……250g（2杯）
*或未漂白高筋麵粉1杯＋雜糧麵粉或中色裸麥麵粉⅔杯＋麥芽麥片⅓杯
食鹽……6g（1茶匙）
切碎的核桃……75g（¾杯）
新鮮酵母……3g
*或乾酵母（活性乾酵母）……2g（¾茶匙）
溫水……180g（180ml或¾ 杯）

- 利用鋪上烘焙紙的烤盤烘烤，可做出1個小麵包。

1   取一只較小的攪拌盆，將麵粉、食鹽和核桃攪拌均勻，放一旁備用，此為乾混合物。

2   取另一只較大的攪拌盆秤出適重酵母，加入溫水，攪拌至酵母溶解，此為濕混合物。

3   將乾混合物加入濕混合物中，先用木匙、再用手混合，直到混合物能形成麵團為止。

4   用盛裝乾混合物的攪拌盆覆蓋麵團。

5   靜置麵團10分鐘。

6   10分鐘後，按照第20頁步驟10的手法揉麵團。

7   再次蓋上麵團，靜置10分鐘。

8   重複步驟6和7兩次，然後再重複步驟6。再次用小攪拌盆或乾淨塑膠袋蓋上麵團，靜置1小時。

9   避免使用茶巾覆蓋麵團，以免麵團表面形成硬皮。

10  用拳頭輕輕按壓，讓麵團內的氣體排出。在乾淨的工作檯上撒上少許麵粉。

11  從攪拌盆內取出麵團，放在撒了麵粉的工作檯上，用手將麵團整成球形。

12  輕輕將麵團壓扁成圓盤狀，將食指插入麵團中央，戳出一個洞。

13  稍微將洞擴大，把麵團放到準備好的烤盤上。

14  再次蓋上麵團，靜置30～45分鐘，讓麵團膨脹至兩倍大。

15  在烘烤前20分鐘，將烤箱預熱至240℃（475℉），溫度等級9。在烤箱底部放置一個深烤盤，和烤箱一起預熱。在旁邊放一杯水備用。

16  麵團發酵完畢後，移開攪拌盆，在麵團上撒上麵粉。

17  用鋒利鋸齒刀在麵團上劃出正方形。

18  將麵包放入預熱好的烤箱，把一旁備用的水倒進炙熱的深烤盤，將烤箱溫度降至200℃（400℉），溫度等級6。

19  烘烤約30分鐘，或直到表面呈棕色為止。

20  要檢查麵包是否烤透，可將麵包倒過來並輕敲底部，如發出空洞的聲音即為完成。

21  如果還沒烤透，則將麵包放回烤箱中，繼續烤幾分鐘。如果已經烤好了，就將麵包放在散熱架上放涼。

# 胡桃葡萄乾麵包 *Pecan Raisin Bread*

胡桃與葡萄乾是另一個能在麵包中表現出絕佳風味的組合。這是我在英國倫敦薩沃伊飯店（Savoy）任職期間學到的配方，這種麵包總會出現在飯店午晚餐的麵包籃中。

切碎的胡桃……35g（⅓杯）
無籽葡萄乾或金黃葡萄乾……35g（⅓杯）
白高筋麵粉……200g（1⅔杯）
全麥麵粉……50g（⅓杯）
食鹽……5g（1茶匙）
新鮮酵母……3g
*或乾酵母（活性乾酵母）……2g（¾茶匙）
溫水……180g（180ml或¾杯）

1　將胡桃和葡萄乾混合，放一旁備用。

2　取一只較小的攪拌盆，將麵粉、食鹽和核桃攪拌均勻，放一旁備用，此為乾混合物。

3　另一只較大的攪拌盆秤出適重酵母，然後加入溫水，攪拌至酵母溶解，此為濕混合物。

4　將乾混合物加入濕混合物中。

5　先用木匙、然後用手混合，直到混合物能形成麵團為止。

6　用盛裝乾混合物的攪拌盆覆蓋麵團。

7　靜置麵團10分鐘。

8　10分鐘後，將胡桃和葡萄乾加入麵團中，按照第20頁步驟10的手法輕輕揉麵團，小心不要把葡萄乾壓扁。

9　再次蓋上麵團，靜置10分鐘。

10　重複步驟8和9兩次，再重複步驟8。再次蓋上麵團，靜置1小時。

11　麵團膨脹成兩倍大以後，用拳頭輕輕按壓，讓麵團內的氣體排出。

12　在乾淨的工作檯上稍微撒點麵粉，將麵團移到撒了麵粉的工作檯上。

• 利用鋪上烘焙紙的烤盤烘烤，可做出1個小麵包。

13　將麵團的一邊往中間摺，然後再將另一邊也往中間摺。（見圖13-1、13-2）

14　將麵團滾成長條狀，兩端做成圓錐形。

15　在麵團上撒上麵粉，並用鋒利鋸齒刀在上面劃斜線。

16　將麵團放上烤盤，覆蓋後靜置約30～45分鐘，直到膨脹至兩倍大左右。

17　在烘烤前20分鐘，將烤箱預熱到240℃（475℉），溫度等級9。在烤箱底部放置一個深烤盤，和烤箱一起預熱。在旁邊放一杯水備用。

18　麵團完成發酵後，移開攪拌盆或覆蓋物。

19　將麵包放入預熱好的烤箱，把一旁備用的水倒進炙熱的深烤盤，將烤箱溫度降到200℃（400℉），溫度等級6。

20　烘烤約30分鐘，或直到表面呈金棕色為止。

21　要檢查麵包是否烤透，可將麵包倒過來並輕敲底部，如發出空洞的聲音即完成。

22　如果還沒烤透，則將麵包放回烤箱中，繼續烤幾分鐘。如果已經烤好了，就將麵包放在散熱架上放涼。

13-1　　　　13-2　　　　14　　　　15

# 啤酒麵包 *Beer Bread*

我在這個食譜裡使用了蕁麻愛爾啤酒，不過任何一種啤酒都值得拿來試試看。此食譜中，我以啤酒取代水，替麵包帶來另一層次的美妙滋味。這款麵包非常適合用來製作印度甜酸醬起司三明治。

4

5-1

5-2

8-1

8-2

麥芽麵粉⋯⋯400g（3¼杯）
*或未漂白高筋麵粉2杯＋雜糧麵粉或
中色裸麥麵粉¾杯＋麥芽麥片½杯
食鹽⋯⋯10g（2茶匙）
麥芽麵粉或未漂白高筋麵粉
⋯⋯200g（1⅔杯）
新鮮酵母⋯⋯2g
*或乾酵母（活性乾酵母）
⋯⋯1g（¼茶匙）
有機愛爾啤酒或其他啤酒
⋯⋯200g（200ml或6oz.）
新鮮酵母⋯⋯4g
*或乾酵母（活性乾酵母）
⋯⋯2g（¾茶匙）
有機愛爾啤酒或其他啤酒
⋯⋯200g（200ml或6oz.）
燕麥片，表面沾裏用

- 使用長型發酵籃（900g／2磅大小），並抹上油。
- 利用鋪上烘焙紙的烤盤烘烤，可做出4個麵包。

1 取一只中型攪拌盆，將400g麥芽麵粉過篩，將篩出來較
大顆的穀粒倒入另一只淺盤中，放一旁備用。

2 將食鹽和篩過的粉狀材料混合備用，此為乾混合物。

3 取另一只較小的攪拌盆，將200g麥芽麵粉過篩，將篩出
來較大顆的穀粒倒入步驟1的淺盤中。

4 取另一只較大的攪拌盆，秤出2g新鮮酵母或替代材料，
加入200g有機愛爾啤酒，攪拌至酵母溶解，此為濕混合
物（將第二次要加入的愛爾啤酒放在陰涼處，但不要放進
冰箱裡）。

5 將200g麥芽麵粉加入濕混合物中，攪拌均勻，直到材料
都結合在一起為止。（見圖5-1、5-2）

6 覆蓋麵團，讓麵團在涼爽處靜置發酵一整夜。

7 隔天，取一只較小的攪拌盆，秤出4g新鮮酵母，加入
200g愛爾啤酒，攪拌至酵母溶解為止（啤酒沒氣了也沒
有關係），將此液體倒入發酵過的混合物並攪拌均勻。

8 加入準備好的乾混合物，用木匙攪拌，直到形成麵團為
止。（見圖8-1、8-2）

9 用盛裝乾混合物的攪拌盆覆蓋麵團，靜置10分鐘。

10 10分鐘後，按第20頁步驟10的手法揉麵團。再度覆蓋麵團，靜置10分鐘。

11 重複步驟10三次，最後靜置1小時。

12 麵團膨脹至兩倍大後，用拳頭按壓讓麵團內的氣體排出。在乾淨的工作檯上稍微撒點麵粉，將麵團移至撒了麵粉的工作檯上。

13 用金屬刮板或鋒利鋸齒刀將麵團分成四等份。

14 用手掌將每一個麵團搓成圓球狀。

15 依個人喜好，將燕麥片加入盛裝大顆粒穀物的淺盤，混合均勻。

16 在每一份麵團上沾裹穀物混合物，將沾裹面向下，將麵團放入發酵籃中。

17 靜置麵團30～45分鐘，讓麵團膨脹至將近兩倍大為止。

18 在烘烤前20分鐘，將烤箱預熱到240℃（475℉），溫度等級9。將烘焙石板放進烤箱加熱，在烤箱底部放置一個深烤盤，和烤箱一起預熱。在旁邊放一杯水備用。

19 將發酵籃倒在麵包鏟上，將發酵籃取出，留下已經發好的麵團。讓麵包滑到炙熱的烘焙石板上，將一旁備用的水倒進炙熱的深烤盤，並將烤箱溫度降低到200℃（400℉），溫度等級6。

20 烘烤約30分鐘，或直到表面金黃色為止。

21 要檢查麵包是否烤透，可將麵包倒過來並輕敲底部，如發出空洞的聲音即為完成。

22 如果還沒烤透，則將麵包放回烤箱中，繼續烤幾分鐘。如果已經烤好了，就將麵包放在散熱架上放涼。

11

13

14

16

17

19

# 法式長棍麵包 *Baguettes Made With a Poolish*

使用發酵布製作，為法式長棍麵包的傳統方法。利用「前製發酵法」，也就是讓水分含量高的麵團隔夜發酵，之後再加入其他材料。這種作法能製作出道地的法式長棍麵包，絕對值得你投入的時間和精力製作。

新鮮酵母……2g
*乾酵母（活性乾酵母）……1g（¼茶匙）
溫水……125g（125ml或½ 杯）
白高筋麵粉……125g（1杯）
白高筋麵粉……300g（2⅓杯）
*或以未漂白高筋麵粉、中筋麵粉、法國T55麵粉取代白高筋麵粉
食鹽……5g（1茶匙）
新鮮酵母……2g
*或乾酵母（活性乾酵母）……1g（¼茶匙）
溫水……140g（140ml或½杯加1湯匙）

需準備發酵布或乾淨的茶巾、擦碗巾，及撒上麵粉的長棍麵包鏟。

• 利用鋪上烘焙紙的烤盤烘烤，可做出3條長棍麵包。

1　取一只較大的攪拌盆，秤出2g新鮮酵母，加入溫水，攪拌至酵母溶解，再加入125g麵粉，並用木匙攪拌至混合物變成均勻糊狀。覆蓋攪拌盆，室溫下靜置發酵一晚，此為液種（poolish）。

2　隔日，取一只較小的攪拌盆，將300g麵粉和食鹽混合，放一旁備用，此為乾混合物。

3　取另一只較小的攪拌盆，秤出2g新鮮酵母，加入140g溫水，攪拌至酵母溶解。

4　將酵母溶液加入步驟1的液種中，然後加入乾混合物，用雙手混合，直到形成麵團為止。（見圖4-1、4-2）

5　覆蓋麵團，靜置10分鐘。

6　10分鐘過後，按第20頁步驟10的手法揉麵團。

7　再次覆蓋麵團，靜置10分鐘。

8　重複步驟6與步驟7兩次，然後再重複步驟6。

9　再次覆蓋麵團，醒麵1個小時。

10　稍微在乾淨的工作檯上撒上麵粉。用拳頭按壓，讓麵團內的氣體排出。將麵團分成三等份，將每等份秤重，並增加或減少每一份麵團的重量，直到它們全都等重為止。

11　稍微將每個麵團壓成橢圓形。將橢圓形麵團的兩端往外拉，然後往中間摺，現在麵團大致呈長方形。（見圖11-1、11-2）

12　將長方形麵團一邊拉出來往中間摺入三分之一並壓進去，再將麵團旋轉180度，重複同樣的動作。不停重複此動作，直到做出一個漂亮的長方形麵團為止。（見圖12-1、12-2）

13　以同樣的手法處理剩餘兩個麵團。覆蓋麵團（接縫處朝下），靜置15分鐘。

14　將麵團翻過來，稍微壓扁。將長方形右上角往中央摺入三分之一並壓進去，然後以左上角做出同樣的動作。重複進行，直到捲成長條狀為止。（見圖14-1、14-2）

15　用手將長條麵團滾成和烤盤差不多的長度，或是你希望的長度。以同樣的手法處理剩餘兩個麵團。

16　在發酵布上撒上麵粉，平鋪在烤盤上。將麵團放在發酵布上，接縫處朝上，然後把每兩個麵團之間多餘的布往上拉，將麵團隔開。

17　用布將麵團完全覆蓋，待麵團膨脹至兩倍大，約需1小時。

18　在烘烤前20分鐘，將烤箱預熱到240℃（475℉），溫度等級9。在烤箱底部放置一個深烤盤，和烤箱一起預熱。在旁邊放一杯水備用。

19　麵團靜置完成後，用長棍麵包鏟或手將麵團移到鋪了烘焙紙的烤盤上。在麵團上撒上麵粉，並用麵團割紋刀或鋸齒刀在上面劃幾道斜線。（見圖19-1、19-2，圖19-2：烘烤前放在麵包鏟上的長棍麵包）

20　將麵包放入預熱好的烤箱，然後把一旁備用的水倒進炙熱的深烤盤中。

21　烘烤約10～15分鐘，或直到表面呈金棕色為止。要檢查麵包是否烤透，可將麵包倒過來並輕敲底部，如發出空洞的聲音，即表示完成。如果已經烤好了，就將麵包放在散熱架上放涼。

13　14-1　14-2　15

16　17　19-1　19-2

# 希臘復活節麵包 *Tsoureki*

希臘復活節麵包是擁有美麗外觀的甜麵包，通常在復活節開齋時享用。我記得在希臘工作的時候做了好多復活節麵包，而且麵包中央常常會放上紅色彩蛋，這種麵包也在我的童年留下許多美好的回憶。

新鮮酵母……40g
*或乾酵母（活性乾酵母）
……20g（2湯匙）
溫水……50g（50ml或¼杯）
白高筋麵粉……40g（⅓杯）
含鹽奶油……30g（2湯匙）
^或無鹽奶油加上　撮鹽
糖……80g（⅓杯）
半個香橙的磨碎橙皮
馬哈利酸櫻桃籽粉（黑櫻桃籽粉）
……4g（1茶匙）
荳蔻粉……4g（1茶匙）
1個中型雞蛋
白高筋麵粉……200g（1⅔杯）
1個中型雞蛋，加一撮鹽打散，刷蛋液用

• 鋪上烘焙紙的烤盤或抹油的500g（6×4英吋）麵包烤模，可做出1個小麵包。

1 取一只較大的攪拌盆，秤出40g新鮮酵母，加入溫水並攪拌至酵母溶解，然後再加入40g麵粉，並用木匙攪拌至混合均勻，此為前製發酵液種。

2 覆蓋攪拌盆，讓混合物在陰涼處靜置發酵，直到體積膨脹至兩倍大為止，約需30分鐘。

3 在液種發酵的同時，將奶油放進醬汁鍋，加熱至融化。

4 將糖加入融化奶油中，然後轉小火，用木匙攪拌。

5 在糖完全融解後，將醬汁鍋離火，在鍋裡加入橙皮和香料，放涼並不時攪打。

6 將雞蛋打入溫奶油混合物中，直到完全混合均勻。

7 液種完成發酵後，移開蓋子，此時液種看起來是充滿氣泡的海綿狀。加入200g的白高筋麵粉和奶油混合物，攪拌至形成麵團為止，此時的麵團會相當硬。

8 覆蓋麵團，靜置10分鐘。

9 10分鐘過後，按第20頁步驟10的手法揉麵團。

10 再次覆蓋麵團，靜置10分鐘。

11 重複步驟9與步驟10兩次，然後再重複步驟9。

12 覆蓋攪拌盆，靜置1小時。

13 在麵團膨脹至兩倍大時，用拳頭按壓讓麵團內的氣體排出。

14 在乾淨的工作檯上撒上麵粉。將麵團移至撒了麵粉的工作檯上，將麵團分成四等份，將每等份秤重，然後增加或減少每一份麵團的重量，直到它們全都等重為止。

15 將每份麵團滾成長度約25公分、一端尖細的長條狀。在工作檯上將長麵團並排鋪成兩個V形，並將兩V形的末端疊放在一起並壓緊。然後參考56頁的圖解說明，將長麵團編織成復活節麵包的形狀。

16 確實將編好麵團的末端收尾藏好。將麵團放到準備好的烤盤上，或是放進準備好的麵包烤模中。

17 覆蓋麵團，讓麵團膨脹至約兩倍大，約需要30～45分鐘。

18 在烘烤前20分鐘，將烤箱預熱至240℃（475℉），溫度等級9。在烤箱底部放置一個深烤盤，和烤箱一起預熱。在旁邊放一杯水備用。

19 麵團靜置完畢後，在表面反覆刷上蛋液。

20 將麵包放到預熱好的烤箱中，把一旁備用的水倒進炙熱的深烤盤，將烤箱溫度降至200℃（400℉），溫度等級6。

21 烘烤約20分鐘，或直到表面呈金棕色為止。

22 要檢查麵包是否烤透，可將麵包倒過來並輕敲底部，如發出空洞的聲音即完成。如果已經烤好了，就將麵包放在散熱架上放涼。

# 猶太辮子麵包 *Challah*

猶太辮子麵包是猶太人在安息日吃的麵包，可以做成本食譜示範的簡單螺旋形，或是四辮或六辮麵包（如右邊照片）。這種麵包的味道細緻，搭配鹹點甜食皆宜。

白高筋麵粉⋯⋯250g（2杯）
食鹽⋯⋯4g（¾茶匙）
糖⋯⋯15g（1湯匙）
新鮮酵母⋯⋯6g
*或乾酵母（活性乾酵母）⋯⋯3g（1茶匙）
溫水⋯⋯80g（80ml或⅓杯）
1個中型雞蛋的蛋黃
1個中型雞蛋
葵花籽油⋯⋯20g（20ml或1滿湯匙）
1個中型雞蛋，加一撮鹽打散，刷蛋液用
罌粟籽或芝麻⋯⋯適量

• 鋪上烘焙紙的烤盤，可做出1個小麵包。

1　取一只較小的攪拌盆，將麵粉、食鹽和糖混合均勻，放一旁備用，此為乾混合物。

2　取另一只較大的攪拌盆秤出適重酵母，然後加入溫水，攪拌至酵母溶解。

3　把1個蛋黃和1個全蛋打散，加入酵母溶液中，此為濕混合物。

4　將乾混合物加入濕混合物中。

5　用木匙攪拌混合物，然後加入葵花籽油，攪拌至混合均勻為止。

6　用盛裝乾混合物的攪拌盆覆蓋麵團。

7　靜置麵團10分鐘。

8　10分鐘後，按第20頁步驟10的手法揉麵團。

9　再次蓋上麵團，靜置10分鐘。

10　重複步驟8和步驟9兩次，然後再重複步驟8。

11　再次蓋上麵團，醒麵1小時。

12　在麵團膨脹至兩倍大時，用拳頭按壓拍打讓麵團內的氣體排出。

13　在乾淨的工作檯上撒上麵粉，將麵團移至工作檯上。

14　用雙手將麵團搓成兩端尖細的長條形（也可將麵團分成四等份或六等份，將小麵團揉成長條形，再按傳統方式編好）。

15　將整條麵團緊緊捲成蝸牛形，把尾端藏起來，然後放到準備好的烤盤上。

16　在表面刷上蛋液。

17　撒上罌粟籽或芝麻。

18　覆蓋麵團，讓麵團膨脹至近兩倍大，約需30～45分鐘。

19　在烘烤前20分鐘，將烤箱預熱到240℃（475℉），溫度等級9。在烤箱底部放置一個深烤盤，和烤箱一起預熱。在旁邊放一杯水備用。

20　將麵包放到預熱好的烤箱中，然後把一旁備用的水倒進炙熱的深烤盤，並將烤箱溫度降低到200℃（400℉），溫度等級6。

21　烘烤約20分鐘，或直到表面呈金棕色為止。

22　要檢查麵包是否烤透，可將麵包倒過來並輕敲底部，如發出空洞的聲音即完成。

23　如果還沒烤透，則將麵包放回烤箱中，繼續烤幾分鐘。如果已經烤好了，就將麵包放在散熱架上放涼。

# 貝果 *Bagels*

傳統貝果是搭配奶油乳酪和燻鮭魚享用，演變至今，已出現許多不同的
風味，鹹的、甜的口味皆有。製作過程的水煮步驟，是貝果口感美味、
嚼勁十足的主要原因，讓貝果成了一種特殊風味的麵包。

白高筋麵粉……500g（4杯）
食鹽……10g（2茶匙）
糖……20g（4茶匙）
無鹽或含鹽奶油……25g（2湯匙）
新鮮酵母……5g
*或乾酵母（活性乾酵母）……3g（1茶匙）

溫水……240g（240ml或1杯）
中型雞蛋……1個
食鹽……5g（1茶匙）
蛋液＋鹽……適量
罌粟籽或芝麻（依個人喜好添加，非必要）

一只容量2公升（2夸脱）的醬汁鍋。

• 鋪上烘焙紙的烤盤，可做出9個貝果。

1 取一只較小的攪拌盆，將麵粉、2茶匙食鹽、糖和奶油（可先放於室溫軟化並切成小丁）混合均勻，放一旁備用，此為乾混合物。

2 取另一只較大的攪拌盆秤出適重酵母，然後加入溫水，攪拌至酵母溶解。

3 雞蛋攪散後加入酵母溶液，攪拌均勻，此為濕混合物。

4 將乾混合物加入濕混合物中。

5 用木匙攪拌混合，直到形成麵團為止

6 用盛裝乾混合物的攪拌盆覆蓋麵團，靜置10分鐘。

7 10分鐘後，按第20頁步驟10的手法揉麵團。

8 再次蓋上麵團，靜置10分鐘。

9 重複步驟7和步驟8兩次，然後再重複步驟7。

10 再次蓋上麵團，靜置1個小時。

11 在麵團膨脹至兩倍大時，用拳頭按壓拍打讓麵團內的氣體排出。

12 在乾淨的工作檯上撒上麵粉，將麵團移至工作檯上。

13 將麵團滾成圓柱狀，再用金屬製切板或鋒利鋸齒刀將麵團切成九等份，然後把每一等份揉成球狀。

14 用手指穿過麵團中央，戳出一個洞，將麵團整成圓圈狀。

15 將貝果放在準備好的烤盤上，覆蓋麵團，讓麵團靜置10分鐘。

16 在貝果完成靜置以前，將2公升醬汁鍋裝水至半滿，加入5g食鹽，把水煮沸。

17 水沸騰後，將貝果放入鍋中，每次放三到四個，水煮直到貝果浮起。

18 將貝果翻面繼續煮5分鐘。

19 將煮好的貝果放回烤盤上，稍微降溫。

20 將烤箱預熱到240℃（475℉），溫度等級9。在烤箱底部放置一個深烤盤一起預熱。在旁邊放一杯水備用。

21 在貝果表面刷上蛋液。

22 若是製作種子貝果，則將刷好蛋液的貝果沾上罌粟籽或芝麻，再放回烤盤上。

23 將貝果放到預熱好的烤箱中，然後把一旁備用的水倒進炙熱的深烤盤，並將烤箱溫度降低到200℃（400℉），溫度等級6。

24 烘烤約15分鐘，或直到表面呈金棕色為止。

25 要檢查是否烤透，可將一個貝果倒過來並輕敲底部，如發出空洞的聲音即完成。

26 如果還沒烤透，則將貝果放回烤箱中，繼續烤幾分鐘。如果已經烤好了，就將貝果放在散熱架上放涼。

9

12

16-1

16-2

18

# 口袋麵包 *Pita Breads*

觀察正在烤箱進行烘烤的口袋麵包，是一件很有趣的事，因為它們很快就會膨脹起來。烤好的口袋麵包非常適合填入各式各樣美味的餡料。

中筋麵粉⋯⋯200g（1⅔杯）
食鹽⋯⋯4g（¾茶匙）
新鮮酵母⋯⋯2g
*或乾酵母（活性乾酵母）⋯⋯1g（¼茶匙）
溫水⋯⋯120g（120ml或½杯）

• 鋪上烘焙紙的烤盤，可做出6個迷你口袋麵包。

1　取一只較小的攪拌盆，將麵粉和食鹽混合均勻，放一旁備用，此為乾混合物。

2　取另一只較大的攪拌盆秤出適重酵母，然後加入溫水，攪拌至酵母溶解，此為濕混合物。

3　將乾混合物加入濕混合物中。

4　先用木匙、再用手攪拌，直到所有材料集結在一起形成麵團為止。

5　用盛裝乾混合物的攪拌盆覆蓋麵團，靜置10分鐘。

6　10分鐘以後，按第20頁步驟10的手法揉麵團。

7　再次蓋上麵團，靜置10分鐘。

8　重複步驟6和步驟7兩次，然後再重複步驟6。

9　再次蓋上麵團，靜置1小時。

10　在麵團膨脹至兩倍大時，用拳頭按壓拍打讓麵團內的氣體排出。

11　在乾淨的工作檯上撒上麵粉，將麵團移至工作檯上。

12　用金屬製刮板或鋒利鋸齒刀將麵團分成六等份。可將每等份秤重，然後增加或減少每一份麵團的重量，直到它們全都等重為止。

13　拿起一份麵團，用雙手搓揉成球形，以同樣的方式處理其餘麵團。

14　覆蓋麵團，靜置10分鐘。

15　將烤箱預熱到240℃（475℉），溫度等級9。將烤盤放在烤箱中層一起預熱。

16　用擀麵棍將麵團一一擀開。將擀好的麵團蓋上，靜置10分鐘。（見圖16-1、16-2）

17　麵團發酵完成後，撒上麵粉，放到預熱好的烤盤中。

18　烤到完全膨脹為止。每個口袋麵包的烘烤時間各有不同，所以你必須時時留意烤箱內的狀況。烤好的時候，麵包的形狀不一定是圓的，不過無須過於擔心，重點是麵包有膨脹起來。

19　將口袋麵包放在散熱架上降溫，然後趁熱放進紙袋中保存，避免麵包變乾。

12-1　　　12-2

13-1　　　13-2

# 亞美尼亞扁麵包 *Armenian Flatbreads*

這種口感細膩酥脆的麵包,是我在薩沃伊飯店任職期間的早餐籃常備品。
非常適合配上美酒,或是作為零食、開胃小點一同品嚐。

橄欖油……30g(30ml或2湯匙) 　　橄欖油……50g(50ml或3湯匙) 　　• 四個鋪上烘焙紙的烤盤,
水……30g(30ml或2湯匙) 　　　　水……75g(75ml或⅓杯) 　　　　　可做出約24個扁麵包。
大蒜……1瓣(壓碎) 　　　　　　洋蔥……半個(切成細絲)
白高筋麵粉……160g(1¼杯) 　　罌粟籽、黑種草籽、芝麻……適量
食鹽……5g(1茶匙)

1　將30g橄欖油、30g水和大蒜放在小碗中浸泡。

2　取一只較小的攪拌盆,將麵粉和食鹽混合均勻,放一旁備
　　用,此為乾混合物。

3　取另一只較小的攪拌盆,混合50g橄欖油和75g水,然後
　　加入乾混合物攪拌成團。

4　用盛裝乾混合物的攪拌盆覆蓋麵團。

5　讓麵團靜置5分鐘。

6　5分鐘後,按第20頁步驟10的手法揉麵團。

7　再次蓋上麵團,靜置5分鐘。

8　重複步驟6和步驟7兩次,然後再重複步驟6。此時的麵
　　團應平滑且具有彈性。

9　再次蓋上麵團,靜置30分鐘。

10　30分鐘後,用金屬製刮板或鋒利鋸齒刀大致將麵團分成
　　四等份。

11　把四個準備好的烤盤放在工作檯上。

12　將一份麵團放在烤盤中央,用手稍微將麵團壓扁,然後開
　　始慢慢將麵團的四個角往外拉。(見圖12-1、12-2)

13　持續把每個角往外拉,直到整出和烤盤差不多大、大約呈
　　長方形的薄麵皮為止。(見圖13-1、13-2)

14　讓麵皮靜置15分鐘,並將烤箱預熱到180℃(350℉),
　　溫度等級4。

15　第一張整好的麵皮靜置休息的同時,開始在第二個烤盤上
　　製作第二張麵皮。假使發現麵團在整形時會被拉破,則先
　　放下這個麵團,讓它靜置幾分鐘,先處理其他麵團。

16　所有麵皮完成靜置後,在表面刷上步驟1浸泡大蒜的橄欖
　　油液。

17　用刀子將每片麵皮切成六片。

18　在麵皮上均勻撒上洋蔥絲和種子。

19　一盤一盤地放入預熱好的烤箱中烘烤5～10分鐘,或直到
　　表面呈金棕色為止。

20　將烤好的扁麵包置於散熱架上放涼。

WHEAT-FREE
OR GLUTEN-FREE
BREADS

Part 2
裸麥麵包 & 無麩質麵包

## 黑裸麥麵包 *Dark Rye Bread*

我的烘焙技術養成始於一間德式麵包坊,那間麵包店每天都會大量製作黑麥麵包,因為這種麵包的品質和風味絕佳,非常受顧客歡迎。這種完全用裸麥製作的麵包,一直是我個人最喜歡的麵包之一。

• 利用500g(6×4英吋)抹上植物油的麵包烤模,可做出1個中型麵包。

黑裸麥麵粉(或粗裸麥粉)……150g(1¼杯)
多裸麥酸麵種(參考第11頁)……100g(½杯)
冷水……200g(200ml或¾杯加1湯匙)
黑裸麥麵粉(或粗裸麥粉)……200g(1⅓杯)
食鹽……6g(1茶匙)
熱水……150g(150ml或⅔杯)

1  取一只較大的攪拌盆,將150g黑裸麥麵粉或粗裸麥粉、酸麵種和200g冷水攪拌均勻。將一只較小的攪拌盆倒過來蓋在上面,讓麵團發酵一晚,此為濕混合物。

2  隔天,取另一只攪拌盆,混合200g黑裸麥麵粉或粗裸麥粉和食鹽,此為乾混合物。

3　將乾混合物倒在濕混合物上，確定濕混合物表面完全被乾混合物覆蓋，暫時還不要攪拌。

4　小心將150g熱水倒在乾混合物上。

5　迅速用木匙攪拌，不要讓熱水有時間和麵粉發生反應。

6　將混合物舀進麵包烤模中。

7　將塑膠刮板或湯匙沾水，將麵團表面抹平。

8　在麵團上撒上裸麥麵粉。

9　將麵團蓋起來，讓麵團靜置膨脹2小時。

10　麵包在這段時間和烘烤過程中都會膨脹，不過並不會膨脹太多，這也是為什麼我們要使用小型麵包模來盛裝相對大量的麵團。

11　在烘烤前15分鐘，將烤箱預熱到240℃（475℉），溫度等級9。在烤箱底部放置一個深烤盤，和烤箱一起預熱。在旁邊放一杯水備用。

12　麵團靜置完畢，將上面的覆蓋物移開。

13　把麵團放進預熱好的烤箱，將一旁備用的水倒入炙熱的深烤盤中，並將烤箱溫度降低至220℃（425℉），溫度等級7。

14　烘烤約30分鐘，或直到麵包呈棕色為止。

15　將麵包從烤模中取出，放在散熱架上放涼。

# 蜜棗胡椒裸麥麵包

*Prune And Pepper Rye Bread*

你可能會納悶，我為什麼要把蜜棗和胡椒一起放進麵包裡。等到你親口嚐過，就會明白箇中道理了！蜜棗的甜味、黑麥的酸味和辛辣胡椒粒的勁兒，真的十足搭配。這款麵包真的非常美味，請務必一試！

黑裸麥麵粉或粗裸麥粉⋯⋯150g（1¼杯）
多裸麥酸麵種（參考第11頁）⋯⋯100g（½杯）
冷水⋯⋯200g（200ml或¾杯加1湯匙）
黑裸麥麵粉或粗裸麥粉⋯⋯200g（1⅓杯）
食鹽⋯⋯6g（1茶匙）
熱水⋯⋯150g（150ml或⅔杯）
切成小丁的去核蜜棗⋯⋯200g（1¼杯）
紅胡椒粒⋯⋯½至1湯匙

• 利用900g（8½×4½英吋）抹上植物油的麵包烤模，可做出1個大麵包。

1  取一只較大的攪拌盆，將150g黑裸麥麵粉、酸麵種和冷水攪拌均勻，此為濕混合物。

2  將一只較小的攪拌盆倒過來蓋在濕混合物上面，讓麵團靜置發酵一晚。

3  隔天，取另一只攪拌盆，混合200g黑裸麥麵粉和食鹽，此為乾混合物。

4  將乾混合物倒在濕混合物上，確定濕混合物表面完全被乾混合物覆蓋，暫時還不要攪拌。

5  小心將150g熱水倒在乾混合物上。

6  迅速用木匙攪拌，不要讓熱水有時間和麵粉發生反應。

7  將蜜棗和胡椒粒（½至1匙，按個人喜好調整用量）倒進混合物中。

8  以木匙攪拌至混合均勻。

9  按照第71頁「黑裸麥麵包」步驟6開始依序操作（可以按個人喜好跳過撒裸麥麵粉的步驟）。

# 葡萄乾裸麥麵包 *Raisin Rye Bread*

這款麵包果香四溢，搭配起司非常對味。我利用無籽葡萄乾或金黃葡萄乾的甜味，所以不使用一般葡萄乾和醋栗。我們運氣很好，曾以這款麵包替哈斯汀的賈吉斯烘培坊（Judges Bakery）贏得超級美味獎。

1-1 1-2 1-3 1-4

2 4 5 7

黑裸麥麵粉或粗裸麥粉……150g（1¼杯）
多裸麥酸麵種（參考第11頁）……100g（½杯）
冷水……200g（200ml或¾杯加1湯匙）
黑裸麥麵粉或粗裸麥粉……200g（1⅓杯）
食鹽……6g（1茶匙）
無籽葡萄乾（金黃葡萄乾）……200g（1¾杯）
熱水……150g（150ml或⅔杯）

- 利用900g（8½×4½英吋）
  抹上植物油的麵包烤模，可
  做出1個大麵包。

1　取一只較大的攪拌盆，將150g黑裸麥麵粉或粗裸麥粉、
　　酸麵種和200g冷水攪拌均勻。用塑膠刮刀或抹刀刮下湯
　　匙與攪拌盆邊緣的麵糊。將一只較小的攪拌盆倒過來將麵
　　團蓋上，讓麵團發酵靜置一晚，此為濕混合物。（見圖
　　1-1、1-2、1-3、1-4）

2　隔天，取另一只攪拌盆，混合200g黑裸麥麵粉、食鹽和
　　無籽葡萄乾，此為乾混合物。

3　將乾混合物倒在濕混合物上，確定濕混合物表面完全被乾
　　混合物覆蓋，暫時還不要攪拌。

4　小心將150g熱水倒在乾混合物上。

5　迅速用木匙攪拌，不要讓熱水有時間和麵粉發生反應。

6　將混合物舀進麵包烤模中。

7　將塑膠刮板或湯匙沾水，將麵團表面抹平。

8　將麵團蓋起來，讓麵團膨脹2小時。

9　在烘烤前15分鐘，將烤箱預熱到240℃（475℉），溫度
　　等級9。在烤箱底部放置一個深烤盤，和烤箱一起預熱。
　　在旁邊放一杯水備用。

10　麵團靜置發酵完畢，將上面的覆蓋物移開。

11　把麵包放進預熱好的烤箱，然後將一旁備用的水倒入炙熱
　　的深烤盤中，並將烤箱溫度降低到220℃（425℉），溫
　　度等級7。

12　烘烤約30分鐘，或直到麵包呈棕色為止。

13　將麵包從烤模中取出，放在散熱架上放涼。

3-1　　3-2　　7　　9

# 全麥裸麥麵包 *Wholegrain Rye Bread*

全麥裸麥麵包是我個人研發的粗裸麥粉麵包版本，不過一般人對這款麵包的反應很兩極，非愛即恨。在我同時具有糕餅師和烘培師資格的納米比亞，這種麵包很受歡迎。你可以用剁碎或壓裂的裸麥或小麥來製作，無論你採用何種材料，都必須要很有耐心，因為它需要發酵一整個晚上，然後還要靜置八個小時。真正的粗裸麥粉麵包必須在100℃（212℉）烘烤18個小時，才能烘焙出那種獨特的麥芽風味。

剁碎或壓裂的裸麥（或小麥）……350g（2⅓杯）
食鹽……6g（1茶匙）
多裸麥酸麵種（參考第11頁）……100g（½杯）
溫水……350g（350ml或1½杯）

• 500g（6×4英吋）抹上植物油的麵包烤模，可做出1個大麵包。

1　取一只較小的攪拌盆，混合壓裂的裸麥與食鹽，此為乾混合物。

2　取另一只較大的攪拌盆，將酸麵種和溫水混合均勻，此為濕混合物。

3　將乾混合物加入濕混合物中，攪拌至完全混合均勻（圖3-1為小麥，圖3-2為裸麥）。

4　用盛裝乾混合物的攪拌盆覆蓋麵團。

5　將麵團放在陰涼處發酵一整晚。

6　隔天，將混合物舀進麵包烤模中。

7　利用塑膠刮板或湯匙沾水，將麵團表面抹平（圖7中，左為小麥，右為裸麥）。

8　將烤模蓋上，讓麵團靜置6～8小時。

9　靜置後，麵團不會膨脹太多，不過在麵團表面會有許多小氣泡形成。由於麵包膨脹程度不高，我們只需要使用小型烤模就可以裝進相對大量的麵團（圖9中，左為小麥，右為裸麥）。

10　在烘烤前15分鐘，將烤箱預熱到240℃（475℉），溫度等級9。在烤箱底部放置一個深烤盤，一起預熱。在旁邊放一杯水備用。

11　麵團靜置完成後，將上面的覆蓋物移開。

12　把麵包放進預熱好的烤箱，然後將一旁備用的水倒入炙熱的深烤盤中，並將烤箱溫度降低到220℃（425℉），溫度等級7。

13　烘烤約30分鐘，或直到麵包呈棕色為止。

14　將麵包從烤模中取出，放在散熱架上放涼。

# 卡姆小麥＆斯佩爾脫小麥麵包 *Kamut or Spelt Bread*

卡姆小麥與斯佩爾脫小麥都是古老的穀物，近年來因為其風味與易消化性而受到歡迎。目前，斯佩爾脫小麥比卡姆小麥更容易取得，不過通常也可在健康食品店購得卡姆小麥。

卡姆小麥（高粒山小麥）麵粉……300g（2½杯）
食鹽……1茶匙
新鮮酵母……3g
*或乾酵母（活性乾酵母）……2g（¾茶匙）
溫水……200～230g（或230ml、至多1杯）

- 500g（6×4英吋）抹上植物油的麵包烤模，可做出1個小麵包。

1　取一只較小的攪拌盆，混合麵粉與食鹽，放在一旁備用，此為乾混合物。

2　取另一只較大的攪拌盆，秤出適重酵母，加水攪拌至酵母完全溶化（如果你採用卡姆小麥麵粉，需要的水量會稍微少一點），此為濕混合物。

3　將乾混合物加到濕混合物中。先用木匙、再用手混合，直到形成麵團為止。

4　用盛裝乾混合物的攪拌盆將麵團蓋起來，靜置10分鐘。

5　按照第20頁步驟10揉麵團。

6　再次蓋上攪拌盆，靜置10分鐘。

7　重複步驟5與步驟6兩次，然後再重複步驟5。之後，蓋上麵團，讓麵團靜置膨脹1小時。

8　用手按壓麵團，擠出空氣。

9　稍微在乾淨的工作檯上撒上麵粉。

10　將麵團從攪拌盆中取出，放在撒了麵粉的工作檯上。

11　輕輕將麵團壓成橢圓形。先將右側往中間摺，再將左側往中間摺。（見圖11-1、11-2）

12　輕壓麵團，讓接縫處密合。此時麵團大致呈長方形，將長方形的上三分之一拉出來往中間摺，壓入麵團。

13　將麵團轉180度，再按步驟12操作，並且繼續重複這個動作，直到麵團形狀和烤模大小差不多為止。（見圖13-1、13-2、13-3）

14　將麵團放在準備好的烤模中，接縫處朝下（圖14，左為卡姆小麥，右為斯佩爾脫小麥）。

15　蓋上烤模，讓麵團膨脹至兩倍大，約需要35～40分鐘。

16　膨脹一半以後，將烤箱預熱到240℃（475℉），溫度等級9。在烤箱底部放置一個深烤盤，和烤箱一起預熱。在旁邊放一杯水備用。

17　麵團發好以後，將覆蓋物移除。

18　將麵包放到預熱好的烤箱中，然後把一旁備用的水倒進炙熱的深烤盤中，並將烤箱溫度降低到220℃（425℉），溫度等級7。

19　烘烤約35分鐘，或直到麵包呈棕色為止。將麵包從烤模中取出，放在散熱架上放涼。

13-1

13-2

13-3

14

17

6-1　6-2　7

# 無麩質麵包 *Gluten-free Bread With two Variations*

市面上有許多無麩質的預拌麵粉，不過我也自行調配出一種效果很好的配方。無麩質麵包需要靜置鬆弛，不過因為沒有麩質的關係，所以不用揉麵團。

### 白麵包
馬鈴薯粉……150g（1杯）
糙米粉……150g（1杯）
蕎麥粉……80g（½杯加1湯匙）
粗玉米粉……80g（½杯加1湯匙）
食鹽……10g（2茶匙）
新鮮酵母……14g
*或乾酵母（活性乾酵母）
…7g（2¼茶匙）
溫水……360g（360ml或1½杯）

### 種子麵包
馬鈴薯粉……100g（⅔杯）
糙米粉……100g（⅔杯）
蕎麥粉……50g（⅓杯）
蕎麥片……150g（1杯）

食鹽……10g（2茶匙）
葵花籽……40g（⅓杯）
南瓜籽……40g（⅓杯）
亞麻籽……40g（¼杯）
芝麻……20g（2湯匙）
罌粟籽……20g（2湯匙）
新鮮酵母……10g
*或乾酵母（活性乾酵母）
…5g（1½茶匙）
溫水……400g（400ml或1⅔杯）
黑糖蜜或深糖蜜……10g（不到1湯匙）

### 香料水果麵包
馬鈴薯粉……125g（近1杯）
糙米粉……125g（近1杯）
蕎麥粉……75g（⅔杯）
粗玉米粉……75g（½杯加1湯匙）

食鹽……10g（2茶匙）
醋栗……75g（½杯）
無籽葡萄（金黃葡萄乾）
……75g（½杯）
磨碎甜橙皮……1個
磨碎檸檬皮……1個
肉桂粉……1茶匙
薑粉……1茶匙
一撮丁香粉
新鮮酵母……10g
*或乾酵母（活性乾酵母）
…5g（1½茶匙）
溫水……300g（300ml或1¼杯）
蜂蜜……2茶匙

• 900g（8½×4½英吋）抹上植物油的麵包烤模，可做出1個大麵包。

1　取一只較小的攪拌盆，混合粉類材料和食鹽。如果製作的是種子麵包或香料水果麵包，則將種子、水果乾、磨碎的柑橘皮或香料放進攪拌盆內混合，此為乾混合物。

2　取另一只較大的攪拌盆，秤出適重酵母，加水攪拌至酵母溶化。如果製作的是種子麵包或香料水果麵包，則在此階段加入糖蜜或蜂蜜，此為濕混合物。

3　將乾混合物加到濕混合物中。

4　用木匙攪拌。混合物的質地應該類似新鮮優格，如果過稠，則加入一點水繼續攪拌。（見圖4-1、4-2）

5　蓋上攪拌盆，讓麵團靜置鬆弛1小時。

6　將混合物倒入準備好的烤模中。（見圖6-1、6-2）

7　將麵團蓋上，讓麵團膨脹20～30分鐘，或是直到麵團膨脹到高度多出烤模的1～2公分（½ ～ ¾ 英吋）為止。

8　將烤箱預熱到240℃（475℉），溫度等級9。在烤箱底部放置一個深烤盤一起預熱。在旁邊放一杯水備用。

9　麵團靜置完畢後，將覆蓋物移除。

10　將發好的麵團放到預熱好的烤箱中，然後把一旁備用的水倒進炙熱的深烤盤，並將烤箱溫度降低到220℃（425℉），溫度等級7。

11　烘烤約30分鐘，或麵包呈金棕色為止。

12　將麵包從烤模中取出，放在散熱架上放涼。

# 無麩質玉米麵包 *Gluten-free Cornbread*

此無麩質玉米麵包為使用酵母的無蛋配方,因此製作出來的成果比其他使用玉米粉的食譜更像傳統麵包。這種麵包用來搭配燉菜或抹淨盤內醬汁都很棒。

細玉米粉……200g(1½杯)
馬鈴薯粉……50g(⅓杯)
食鹽……5g(1茶匙)
新鮮酵母……5g
*乾酵母(活性乾酵母)……或3g(1茶匙)
溫水……200g(200ml或¾杯加1湯匙)
玉米粒(新鮮、冷凍或瀝乾的罐頭玉米皆可)……50g(½杯煮熟)

• 16公分(6½英吋)抹上植物油的圓形蛋糕模,可做出1個小麵包。

1 取一只較小的攪拌盆,混合粉類材料與食鹽,放在一旁備用,此為乾混合物。

2 取另一只較大的攪拌盆,秤出適重酵母,加水攪拌至酵母完全溶化,此為濕混合物。

3 將乾混合物和玉米粒加入濕混合物中,用木匙攪拌。混合物的質地應該類似新鮮優格,如果過稠,則在混合物中加一點水繼續攪拌。

4 蓋上攪拌盆,讓麵團靜置鬆弛1小時。

5 將混合物倒入準備好的蛋糕模中。

6 將麵團蓋上,讓麵團膨脹至表面與蛋糕模邊緣等高,約需要30~45分鐘。

7 在烘烤前20分鐘,將烤箱預熱到240℃(475℉),溫度等級9。在烤箱底部放置一個深烤盤,和烤箱一起預熱。在旁邊放一杯水備用。

8 麵團靜置完成後,將覆蓋物移除。

9 將麵包放到預熱好的烤箱中,然後把一旁備用的水倒進炙熱的深烤盤,並將烤箱溫度降低到220℃(425℉),溫度等級7。

10 烘烤玉米麵包約35分鐘,或直到麵包呈金棕色為止。

11 讓麵包在蛋糕模內降溫,趁溫熱吃或放涼吃都可以,切片享用。

Part 3
酸種麵包

8

# 白酸種麵包 *White Sourdough*

白高筋麵粉……250g（2杯）
食鹽……4g（¾茶匙）
溫水……150g（150ml或⅔杯）
白酸麵種（參考第11頁）……75g
（⅓杯）

發酵籃（500g或1磅的容量）或瀝
水籃
發酵布（或乾淨的茶巾、擦碗巾）
撒上麵粉的麵包鏟或烘焙石板

• 利用鋪上烘焙紙的烤盤，可做出
  1個小麵包。

這是用白麵粉做出來的基本酸種麵包，此配方的分量能做出一個小麵包。在學會酸
麵種的作法後，就可以定期烘烤品嘗。

1　取一只較小的攪拌盆，混合麵粉與食
　　鹽，此為乾混合物。

2　取另一只較大的攪拌盆，秤出適重的
　　溫水和酸麵種，攪拌至混合均勻，此
　　為濕混合物。（見圖2-1、2-2）

3　將乾混合物加入濕混合物中。先用木
　　匙、再用手混合，直到形成麵團為
　　止。用塑膠刮板將攪拌盆的邊緣刮乾
　　淨，並確定所有材料都均勻混合。
　　（見圖3-1、3-2、3-3）

4　用盛裝乾混合物的攪拌盆將麵團蓋起
　　來，靜置10分鐘。

5　靜置完成後，拿開蓋子，仍然將麵團
　　放在攪拌盆中，從旁邊拉起一部分麵
　　團往中間壓。將攪拌盆稍微轉個方
　　向，再次拉起另一部分麵團往中間
　　壓。重複此動作八次，整個過程約耗
　　時10秒，麵團會開始出現韌性。（見
　　圖5-1、5-2）

6　再次蓋上麵團，靜置10分鐘。

7　重複步驟5與步驟6兩次，然後再重
　　複步驟5。再次蓋上麵團，讓麵團靜
　　置膨脹1小時。

8　在乾淨的工作檯上撒上少許麵粉，將
　　麵團放在工作檯上。

9-1

9-2

10

11

14

15

9　將麵團整成平滑的圓盤狀。（見圖9-1、9-2）

10　將發酵布或乾淨的茶巾放在發酵籃或瀝水籃上，撒上大量
　　麵粉，把麵團放進去。

11　在麵團上面撒上麵粉。

12　待麵團膨脹至約莫兩倍大，約需要3～6小時。

13　在烘烤前20分鐘左右，將烤箱預熱到240℃（475℉），
　　溫度等級9。在烤箱底部放置一個深烤盤，和烤箱一起預
　　熱。在旁邊放一杯水備用。

14　待麵團膨脹至兩倍大時，將麵團從發酵籃中倒出來，放在
　　麵包鏟或準備好的烤盤上。

15　輕輕地把發酵布剝下來。

16　用鋒利的廚房剪刀，繞著圓圈在麵包表面剪出圖案。

17　把裝了麵包的烤盤放進預熱好的烤箱中，如果使用烘焙石

板，則讓麵包從麵包鏟上滑到預熱好的石板上。把一旁備
用的水倒進炙熱的深烤盤，並將烤箱溫度降低到220℃
（425℉），溫度等級7。

18　烘烤約30分鐘，或直到麵包呈金棕色為止。

19　要檢查麵包是否烤透，可將麵包倒過來輕敲底部，如發出
　　空洞的聲音即完成。如果還沒烤透，則將麵包放回烤箱
　　中，繼續烤幾分鐘。如果已經烤好了，就將麵包放在散熱
　　架上放涼。

# 全麥酸種麵包 *Wholegrain Sourdough*

這個食譜和第87頁的白酸種麵包一樣簡單，不過為了讓它更健康，加入了碎小麥和全麥麵粉，替麵包增添一股堅果味。

碎小麥……200g（1⅓杯）
溫水……200g（200ml或約1杯）
全麥麵粉……400g（3¼杯）
食鹽……12g（2茶匙）
白酸麵種或全麥酸麵種（參考第11頁）……160g（⅔杯）
溫水……至少140g（140ml或⅔杯）
小麥胚芽與麩皮混合物，塗覆表面用

長形發酵籃（900g或2磅的容量）
撒上麵粉的麵包鏟與烘焙石板

• 利用鋪上烘焙紙的烤盤，可做出
  1個大麵包。

1　取一只較小的攪拌盆，將碎小麥和溫水混合，浸泡至小麥變軟為止。

2　取另一只較小的攪拌盆，混合400g麵粉與食鹽，此為乾混合物。

3　取另一只較大的攪拌盆，將酸麵種和140g溫水混合均勻，然後加入泡軟的碎小麥，此為濕混合物。

4　將乾混合物加入濕混合物中，攪拌至完全均勻，如果麵團太硬，可以加入一點水。

5　用盛裝乾混合物的攪拌盆將麵團蓋起來，靜置10分鐘。

6　靜置後，按照第87頁步驟5揉麵團。

7　再次蓋上麵團，靜置10分鐘。

8　重複步驟6與步驟7兩次，然後再重複步驟6。再次蓋上麵團，讓麵團膨脹1小時。

9　在乾淨的工作檯上稍微撒一點小麥胚芽與麩皮混合物。

10　將麵團放在工作檯上，用手搓揉，直到麵團的長度和寬度差不多與發酵籃相等為止。

11　在發酵籃裡面撒上更多小麥胚芽與麩皮混合物，然後放入麵團。

12　待麵團膨脹至約莫兩倍大，約需要3～6小時。

13　在烘烤前20分鐘左右，將烤箱預熱到240℃（475℉），溫度等級9。在烤箱底部放置一個深烤盤，和烤箱一起預熱。在旁邊放一杯水備用。

14　麵團膨脹至兩倍大時，將麵團從發酵籃倒出來，放在麵包鏟或準備好的烤盤上。

15　把裝了麵包的烤盤放進預熱好的烤箱中，如果使用烘焙石板，則讓麵包從麵包鏟上滑到預熱好的石板上。把一旁備用的水倒進炙熱的深烤盤，並將烤箱溫度降低到220℃（425℉），溫度等級7。

16　烘烤約30分鐘，或直到麵包呈棕色為止。

17　要檢查麵包是否烤透，可將麵包倒過來輕敲底部，如發出空洞的聲音即完成。

18　如果還沒烤透，則將麵包放回烤箱中，繼續烤幾分鐘。如果已經烤好了，就將麵包放在散熱架上放涼。

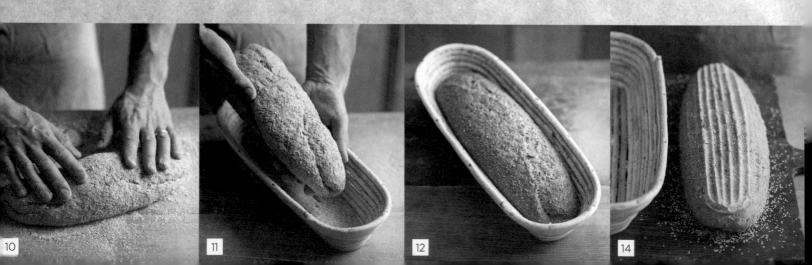

10　　11　　12　　14

# 法國鄉村麵包 'Levain De Campagne' bread

白高筋麵粉……250g（2杯）
全麥麵粉……100g（¾杯）
黑裸麥粉……50g（½杯）
食鹽……6g（1茶匙）
白酸麵種（參考第11頁）……
150g（⅔杯）
溫水……300g（300ml或1¼杯）

圓形發酵籃（900g或2磅的容量）
撒上麵粉的麵包鏟或烘焙石板

• 利用鋪上烘焙紙的烤盤，可做出
  1個大麵包。

這是我在賈吉斯烘焙坊（Judges Bakery）創作出來的法式酸種麵包，此麵包還在「鄉村酸種麵包」的種類中，贏得超級美味獎的肯定。

1 取一只較小的攪拌盆，混合麵粉與食鹽，此為乾混合物。

2 取另一只較大的攪拌盆，混合酸麵種與溫水，攪拌均勻，此為濕混合物。

3 將乾混合物加入濕混合物中，攪拌以形成麵團。此時麵團會有點軟，不要擔心，也不要試著加入更多麵粉。（見圖3-1、3-2）

4 用盛裝乾混合物的攪拌盆將麵團蓋起來，靜置10分鐘。

5 靜置10分鐘以後，按照第87頁步驟5揉麵團。

6 再次蓋上麵團，靜置10分鐘。

7 重複步驟5與步驟6兩次，然後再重複步驟5。

8 再次蓋上麵團，讓麵團膨脹1小時。

9 稍微在乾淨的工作檯上撒上麵粉。將麵團放到工作檯上，整成圓盤形。

10 在發酵籃上撒麵粉，把麵團放進去，然後在麵團表面撒上麵粉。（見圖10-1、10-2）

11 待麵團膨脹至約莫兩倍大，約需要3～6小時。

12 在烘烤前20分鐘左右，將烤箱預熱到240（475℉），溫度等級9。在烤箱底部放置一個深烤盤，和烤箱一起預熱。在旁邊放一杯水備用。

13 麵團膨脹至兩倍大時，將麵團從發酵籃倒出來，放在麵包鏟或準備好的烤盤上。（見圖13-1、13-2）

14 用一把鋒利鋸齒刀在麵團表面畫上簡單的圖案。

15 把裝了麵包的烤盤放進預熱好的烤箱中，如果使用烘焙石板，則讓麵包從麵包鏟上滑到預熱好的石板上。把一旁備用的水倒進炙熱的深烤盤，並將烤箱溫度降低到220℃（425℉），溫度等級7。

16 烘烤約30分鐘，或直到麵包呈棕色為止。

17 要檢查麵包是否烤透，可將麵包倒過來輕敲底部，如發出空洞的聲音即完成。

18 如果還沒烤透，則將麵包放回烤箱中，繼續烤幾分鐘。如果已經烤好了，就將麵包放在散熱架上放涼。

# 白乳清酸種麵包　White Whey Sourdough

你也許會有疑問，為什麼我要用乳清做麵包呢？我在有機食品連鎖店戴萊斯福德（Daylesford）任職期間，我們每天都會在店裡製作切達起司，我也因此想到，可以把製作起司過程中遺留下來的乳清，用來烘焙酸種麵包。如此烘焙出來的麵包風味很棒，也有幸獲得「英國土壤協會有機食品獎」的青睞。

白酸麵種（參考第11頁）……160g（⅔杯）
乳清……300g（300ml或1¼杯）
*或瀝自1公升的原味優格
白高筋麵粉……200g（1⅓杯）
白高筋麵粉……220g（1¾杯）
食鹽……8g（1½茶匙）

1　取一只較大的攪拌盆，秤出適重的酸麵種和乳清，以木匙攪拌至混合均勻。

2　加入200g白高筋麵粉，混合均勻，此為酵頭。

3　把酵頭蓋好，放在陰涼處發酵一整晚。

4　隔天，酵頭表面會出現小氣泡。

5　取一只較小的攪拌盆，混合220g麵粉與食鹽，此為乾混合物。

6　將乾混合物加入酵頭之中，攪拌至形成麵團。

7　用盛裝乾混合物的攪拌盆將麵團蓋起來。

8　靜置10分鐘。

9　靜置10分鐘以後，按照第87頁步驟5揉麵團。

10　再次蓋上麵團，靜置10分鐘。

11　重複步驟9與步驟10兩次，然後再重複步驟9。

12　再次蓋上麵團，讓麵團靜置膨脹1小時。

13　在乾淨的工作檯上撒上麵粉，將麵團放到工作檯上。

14　將麵團整成表面平滑的圓盤形。

發酵籃（900g或2磅容量）或瀝水籃
發酵布（或乾淨的茶巾、擦碗巾）
撒上麵粉的麵包鏟或烘焙石板

• 利用鋪上烘焙紙的烤盤，可做出
　1個大麵包。

15　將發酵布放在發酵籃或瀝水籃上，撒上大量麵粉，再把麵團放進去。

16　待麵團膨脹至約莫兩倍大，約需要3～6小時。

17　在烘烤前20分鐘，將烤箱預熱到240℃（475℉），溫度等級9。在烤箱底部放置一個深烤盤，和烤箱一起預熱。在旁邊放一杯水備用。

18　麵團膨脹至兩倍大時，將麵團從發酵籃或瀝水籃中倒出來，放在麵包鏟或準備好的烤盤上。

19　輕輕地把發酵布剝下來。

20　用一把鋒利鋸齒刀在麵團表面劃出葉脈形狀。

21　把裝了麵包的烤盤放進預熱好的烤箱中，如果使用烘焙石板，則讓麵包從麵包鏟上滑到預熱好的石板上。把一旁備用的水倒進炙熱的深烤盤，並將烤箱溫度降低到220℃（425℉），溫度等級7。

22　烘烤約30分鐘，或直到麵包呈金棕色為止。

23　要檢查麵包是否烤透，可將麵包倒過來輕敲底部，如發出空洞的聲音即完成。如果還沒烤透，則將麵包放回烤箱中，繼續烤幾分鐘。如果已經烤好了，就將麵包放在散熱架上放涼。

# 酸種麵包棒 *Sourdough Grissini*

麵包棒適合拿來蘸東西吃，通常也是很好的點心，也可以當成搭配餐前飲料的鹹點。我利用自己在義大利發現的一道麵包棒食譜，將它轉化運用酸麵種來製作。這種麵包棒帶點酸味，在折斷時也會發出清脆的聲音，我個人非常喜歡。

白高筋麵粉或義大利「00」麵粉……200g（1⅔杯）
食鹽……4g（¾茶匙）
白酸麵種（參考第11頁）……100g（⅓杯）
溫水……110g（110ml或約½杯）
橄欖油……20g（20ml或1湯匙加1茶匙）

• 利用鋪上烘焙紙的烤盤，可做出12～15支麵包棒。

1　取一只較小的攪拌盆，混合麵粉與食鹽，此為乾混合物。

2　取一只較大的攪拌盆，將酸麵種和溫水混合並攪拌均勻，然後加入橄欖油，此為濕混合物。

3　將乾混合物加入濕混合物中，攪拌至形成麵團。

4　用盛裝乾混合物的攪拌盆將麵團蓋起來，靜置10分鐘。

5　10分鐘後，按照第87頁步驟5揉麵團。

6　再次蓋上麵團，靜置10分鐘。

7　重複步驟5與步驟6兩次，然後再重複步驟5。

8　再次蓋上麵團，讓麵團靜置膨脹1小時。

9　在乾淨的工作檯上撒上麵粉，將麵團放到工作檯上。

10　用指尖將麵團推開弄平，拉成一片厚度約5公釐（¼英吋）的長方形。

11　鬆鬆地蓋上保鮮膜，靜置15分鐘。

12　15分鐘後，用一把利刀將長方形麵團切成1公分（⅜英吋）寬的長條。

13　將每一條麵團稍微拉長，並且放在準備好的烤盤上。

14　將麵團放在陰涼處靜置2小時。

15　在烘烤前20分鐘，將烤箱預熱到240℃（475℉），溫度等級9。在烤箱底部放置一個深烤盤，和烤箱一起預熱。在旁邊放一杯水備用。

16　將烤盤放入預熱好的烤箱中，把一旁備用的水倒進炙熱的深烤盤，並將烤箱溫度降低到180℃（350℉），溫度等級4。

17　烘烤約20分鐘，或直到呈金棕色為止。

18　放在散熱架上放涼。

18-1　　18-2　　19

# 玉米糕酸種麵包 *Polenta Sourdough*

我在米科諾斯（Mykonos）和希臘其他地方工作時，幾乎每餐都會吃到一種黃色的鄉村麵包。這一款酸種麵包和葡萄牙玉米麵包非常類似，每每吃時，總會讓我想起希臘的陽光，以及我們在那裡吃到的樸實美味。

白高筋麵粉……300g（2⅓杯）
食鹽……8g（1½茶匙）
玉米粉……60g（⅓杯）
溫水……180g（180ml或⅔杯）
白酸麵種（參考第11頁）……250g（1杯）
橄欖油……2茶匙
額外的玉米粉，撒粉用

發酵籃（900g或2磅容量）或瀝水籃
撒上麵粉的麵包鏟或烘焙石板

• 利用鋪上烘焙紙的烤盤，可做出1
　個人麵包。

1　取一只較小的攪拌盆，混合麵粉與食鹽，此為乾混合物。

2　根據包裝指示煮好玉米糕。

3　煮玉米糕的鍋子離火，將熱騰騰的玉米糕舀入一只較大的攪拌盆中。我們只需要150g煮好的玉米糕，可以進行秤重，將多餘的部分取出。

4　將水加入玉米糕中並加以攪拌。必須在玉米糕還溫熱時做這個攪拌動作，如果有少許結塊也沒關係，這能增進麵包的口感。

5　將酸麵種和橄欖油加入玉米糕混合物中，攪拌均勻，此為濕混合物。

6　將乾混合物加入濕混合物中，用手混合拌勻，直到形成麵團為止。

7　用盛裝乾混合物的攪拌盆將麵團蓋起來。

8　靜置10分鐘。

9　10分鐘後，按照第87頁步驟5揉麵團。

10　再次蓋上麵團，靜置10分鐘。

11　重複步驟9與步驟10兩次，然後再重複步驟9。

12　再次蓋上麵團，讓麵團靜置膨脹1小時。

13　在乾淨的工作檯上撒上玉米粉，將麵團放到工作檯上。

14　將麵團整成平滑的圓盤狀，並在上面撒上玉米粉。

15　在發酵籃撒上麵粉，把麵團放進去。

16　待麵團膨脹至約兩倍大，約需要3～6小時。

17　在烘烤前20分鐘，將烤箱預熱到240℃（475℉），溫度等級9。在烤箱底部放置一個深烤盤，和烤箱一起預熱。在旁邊放一杯水備用。

18　麵團膨脹至兩倍大時，將麵團從發酵籃中倒出來，放在麵包鏟或準備好的烤盤上。（見圖18-1、18-2）

19　用一把鋒利鋸齒刀在麵團表面劃出幾道平行線。

20　把裝了麵包的烤盤放進預熱好的烤箱中，如果使用烘焙石板，則讓麵包從麵包鏟上滑到預熱好的石板上。把一旁備用的水倒進炙熱的深烤盤，並將烤箱溫度降低到220℃（425℉），溫度等級7。

21　烘烤約30分鐘，或直到麵包呈棕色為止。

22　要檢查麵包是否烤透，可將麵包倒過來輕敲底部，如發出空洞的聲音即完成。

23　將麵包放在散熱架上放涼。

2    13    16

# 番茄酸種麵包  *Tomato Sourdough Bread*

番茄糊麵團，讓烘焙好的麵包帶有美麗的橘色色澤。將芹菜籽、黑種草籽加入番茄糊中混合，能互補長短，更加凸顯出好味道。如果你不喜歡芹菜味，可以用迷迭香代替，一樣也能達到很好的效果。

白高筋麵粉……400g（3⅓杯）
食鹽……10g（2茶匙）
芹菜籽……4g（¾茶匙）
*或新鮮的碎迷迭香葉……2½茶匙
黑種草籽……6g（1¼茶匙）
番茄糊（番茄泥）……40g
溫水……200g（200ml或¾杯）
白酸麵種（參考第11頁）……300g（1¼杯）
橄欖油……2茶匙

長形發酵籃（900g或2磅容量）
撒上麵粉的麵包鏟或烘焙石板

- 利用鋪上烘焙紙的烤盤，可
  做出1個大麵包。

1   取一只較小的攪拌盆，混合麵粉、食鹽和種子，此為乾混合物。

2   取另一只較大的攪拌盆，將番茄糊和水混合，攪拌均勻，然後加入酸麵種。

3   加入橄欖油並混合均勻，此為濕混合物。

4   將乾混合物加入濕混合物中，混合到形成麵團為止。

5   用盛裝乾混合物的攪拌盆將麵團蓋起來。

6   靜置10分鐘。

7   10分鐘以後，按照第87頁步驟5揉麵團。

8   再次蓋上麵團，靜置10分鐘。

9   重複步驟7與步驟8兩次，然後再重複步驟7。

10   再次蓋上麵團，讓麵團靜置膨脹1小時。

11   在乾淨的工作檯上撒上麵粉，將麵團放到工作檯上，用手將其整成長度與寬度和發酵籃差不多的形狀。

12   在發酵籃撒上麵粉，把麵團放進去。

13   待麵團膨脹至約兩倍大，約需要3～6個小時。

14   在烘烤前20分鐘，將烤箱預熱到240℃（475℉），溫度等級9。在烤箱底部放置一個深烤盤，和烤箱一起預熱。在旁邊放一杯水備用。

15   麵團膨脹至兩倍大時，將麵團從發酵籃倒出來，放在麵包鏟或準備好的烤盤上。

16   用一把鋒利鋸齒刀在麵團中央劃出一道直線。

17   把裝了麵包的烤盤放進預熱好的烤箱中，如果使用烘焙石板，則讓麵包從麵包鏟上滑到預熱好的石板上。把一旁備用的水倒進炙熱的深烤盤，並將烤箱溫度降低到220℃（425℉），溫度等級7。

18   烘烤約30分鐘，或直到麵包呈棕色為止。

19   要檢查麵包是否烤透，可將麵包倒過來輕敲底部，如發出空洞的聲音即完成。

20   如果還沒烤透，則將麵包放回烤箱中，繼續烤幾分鐘。如果已經烤好了，就將麵包放在散熱架上放涼。

2

8

13

15

# 甜菜根酸種麵包 *Beetroot Sourdough*

甜菜根能帶入自然的甜味與香氣，並為麵團添上美麗亮紫色。這種麵包的製作祕訣在於將甜菜根削成粗絲，讓甜菜絲能保持其顏色，在烘焙時不會融入麵團中。烘焙出來的麵包心有著美妙圓點點綴，絕對能成為餐桌上的焦點。

白高筋麵粉……370g（3杯）
食鹽……8g（1½茶匙）
新鮮生甜菜，擦洗乾淨……160g（5½oz.）
白酸麵種（參考第11頁）……220g（約1杯）
溫水……200g（200ml或¾杯）
橄欖油……10g（2茶匙）

發酵籃（900g或2磅容量）
撒上麵粉的麵包鏟或烘焙石板

* 利用鋪上烘焙紙的烤盤，可做出一個大麵包。

1　取一只較小的攪拌盆，混合麵粉與食鹽，此為乾混合物。

2　甜菜根削成粗絲，放一旁備用。

3　取另一只較大的攪拌盆，將酸麵種和溫水混合並攪拌均勻，然後加入橄欖油，此為濕混合物。

4　將乾混合物加入濕混合物中，用手混合直到形成麵團為止，再加入甜菜絲並混合均勻。

5　用盛裝乾混合物的攪拌盆將麵團蓋起來，靜置10分鐘。

6　10分鐘以後，按照第87頁步驟5揉麵團。

7　再次蓋上麵團，靜置10分鐘。

8　重複步驟6與步驟7兩次，然後再重複步驟6。

9　再次蓋上麵團，讓麵團靜置膨脹1小時。

10　在乾淨的工作檯上撒上麵粉，將麵團放到工作檯上。

11　用手將麵團整成平滑的圓盤狀。

12　在發酵籃撒上麵粉，放入麵團，並在麵團表面撒上麵粉。

13　待麵團膨脹至約兩倍大，約需要3～6小時。

14　在烘烤前20分鐘，將烤箱預熱到240℃（475℉），溫度等級9。在烤箱底部放置一個深烤盤，和烤箱一起預熱。在旁邊放一杯水備用。

15　麵團膨脹至兩倍大時，將麵團從發酵籃倒出米，放在麵包鏟或準備好的烤盤上。

16　把裝了麵包的烤盤放進預熱好的烤箱中，如果使用烘焙石板，則讓麵包從麵包鏟上滑到預熱好的石板上。把一旁備用的水倒進炙熱的深烤盤，並將烤箱溫度降低到220℃（425℉），溫度等級7。

17　炊烤約30分鐘，或直到麵包呈金棕色為止。

18　要檢查麵包是否烤透，可將麵包倒過來輕敲底部，如發出空洞的聲音即完成。

19　如果還沒烤透，則將麵包放回烤箱中，繼續烤幾分鐘。如果已經烤好了，就將麵包放在散熱架上放涼。

# 辣起司香草酸種麵包
*Spiced Cheese And Herb Sourdough*

我在戴萊斯福德（Daylesford）任職期間，店內的起司師傅用園丁種出來的辣椒做出了一款非常棒的辣椒切達起司。我決定用這種風味十足的辣椒做麵包，而且我認為這款麵包應該單純搭配好奶油來享用即可。

白高筋麵粉……300g（2½杯）
食鹽……8g（2茶匙）
辣椒粉或辣椒碎……2g（½茶匙）
粗刨切達起司……150g（1½杯）
現切香草末……4湯匙
*使用香菜、芫荽、義大利香芹皆可。
白酸麵種（參考第11頁）……200g
溫水……180g（180ml或⅔杯）

四個小發酵籃
撒上麵粉的麵包鏟或烘焙石板

• 利用鋪上烘焙紙的烤盤，可做出4個小麵包。

1 取一只較小的攪拌盆，混合麵粉、食鹽和辣椒粉，此為乾混合物。

2 將起司和香草混合均勻。

3 取另一只較大的攪拌盆，將酸麵種和溫水混合均勻，此為濕混合物。

4 將乾混合物加入濕混合物中，用手混合直到形成麵團為止。

5 用盛裝乾混合物的攪拌盆將麵團蓋起來，靜置10分鐘。

6 10分鐘後，按照第87頁步驟5揉麵團。

7 再次蓋上麵團，靜置10分鐘。

8 重複步驟6與步驟7兩次，然後再重複步驟6。

9 再次蓋上麵團，讓麵團靜置膨脹1小時。

10 在乾淨的工作檯上撒上麵粉，然後將麵團放到工作檯上。

11 用金屬刮板或鋒利鋸齒刀將麵團分成四等份。如要精準測量，可將麵團分別秤重，然後增加或減少每一份麵團的重量，直到它們全都等重為止。

12 將麵團整成平滑的圓盤狀。

13 在每只發酵籃內撒上大量麵粉，分別把麵團放進去。

14 待麵團膨脹至約兩倍大，約需3～6小時。

15 在烘烤前20分鐘，將烤箱預熱到240℃（475℉），溫度等級9。在烤箱底部放置一個深烤盤，和烤箱一起預熱。在旁邊放一杯水備用。

16 麵團膨脹至兩倍大時，將麵團倒出來放在麵包鏟或烤盤上。用鋒利鋸齒刀在麵團上切出兩條弧線。

17 把裝了麵包的烤盤放進預熱好的烤箱中，如果使用烘焙石板，則讓麵包從麵包鏟上滑到預熱好的石板上。把一旁備用的水倒進炙熱的深烤盤，並將烤箱溫度降低到220℃（425℉），溫度等級7。

18 烘烤約30分鐘，或直到麵包呈金棕色為止。

19 要檢查麵包是否烤透，可將麵包倒過來輕敲底部，如發出空洞的聲音即完成。

20 如果還沒烤透，則將麵包放回烤箱中，繼續烤幾分鐘。如果已經烤好了，就將麵包放在散熱架上放涼。

# 馬鈴薯酸種麵包 *Potato Sourdough*

利用新鮮或烘烤過的馬鈴薯，製作出這一款經典美式麵包。由於添加馬鈴薯的緣故，所以能夠烘焙出很漂亮的麵包皮。這款麵包也很適合拿來做成吐司。

白酸麵種（參考第11頁）……250g（1杯）
溫水……180g（180ml或⅔杯）
橄欖油……10g（2茶匙）
白高筋麵粉……310g（2½杯）
去皮削粗絲的生馬鈴薯……150g（5oz.）
*或是將帶皮烘烤的馬鈴薯弄碎

發酵籃（500g或1磅容量）
撒上麵粉的麵包鏟或烘焙石板

* 利用鋪上烘焙紙的烤盤，可做出1個大麵包。

1  取一只較大的攪拌盆，將酸麵種和溫水混合均勻，再加入橄欖油，此為濕混合物。

2  取另一只較小的攪拌盆，混合麵粉、食鹽和馬鈴薯，此為乾混合物。

3  將乾混合物加入濕混合物中。

4  用手混合直到形成麵團為止。

5  用盛裝乾混合物的攪拌盆將麵團蓋起來，靜置10分鐘。

6  10分鐘後，按照第87頁步驟5揉麵團。

7  再次蓋上麵團，靜置10分鐘。

8  重複步驟6與步驟7兩次，然後再重複步驟6。

9  再次蓋上麵團，讓麵團靜置膨脹1小時。

10  在乾淨的工作檯上撒上少許麵粉，將麵團置於工作檯上，並在麵團上撒少許麵粉。

11  將麵團整成平滑的圓盤狀。（見圖11-1、11-2）

12  在發酵籃內撒上麵粉，把麵團放進去。

13  待麵團膨脹至約兩倍大，約需要3~6小時。

14  烘烤前20分鐘，將烤箱預熱到240℃（475℉），溫度等級9。在烤箱底部放置一個深烤盤，和烤箱一起預熱。在旁邊放一杯水備用。

15  麵團膨脹至兩倍大時，將麵團倒出來放在麵包鏟或準備好的烤盤上。

16  把裝了麵包的烤盤放進預熱好的烤箱中，如果使用烘焙石板，則讓麵包從麵包鏟上滑到預熱好的石板上。把一旁備用的水倒進炙熱的深烤盤，並將烤箱溫度降低到220℃（425℉），溫度等級7。

17  烘烤約30分鐘，或直到麵包呈金棕色為止（圖17中，分別是用削成粗絲的生馬鈴薯和烤馬鈴薯做成的麵包）。

18  要檢查麵包是否烤透，可將麵包倒過來輕敲底部，如發出空洞的聲音即完成。

19  如果還沒烤透，則將麵包放回烤箱中，繼續烤幾分鐘。如果已經烤好了，就將麵包放在散熱架上放涼。

# 無花果核桃茴香酸種麵包

*Fig, Walnut And Anise Sourdough*

無花果與核桃的搭配是非常美妙的組合，加入少許茴香而隱隱散發出的香氣，更是讓人喜愛。若想嘗鮮，可以試著用這款麵包搭配起司來享用。

大略切碎無花果乾……3個
切碎的核桃……40g（⅓杯）
八角茴香粉……2g（½茶匙）
白高筋麵粉……100g（¾杯）
全麥麵粉……45g（⅓杯）
黑裸麥麵粉或粗裸麥粉
……20g（2½湯匙）
食鹽……3g（½茶匙）
白酸麵種（參考第11頁）
……65g（¼杯）
溫水……130g（130ml或½杯）

長形發酵籃（900g或2磅容量）
撒上麵粉的麵包籃或烘焙石板

- 利用鋪上烘焙紙的烤盤，可做出1個小麵包。

1　將無花果、核桃和茴香混合，放一旁備用。

2　取一只較小的攪拌盆，混合麵粉與食鹽，此為乾混合物。

3　取另一只較大的攪拌盆，將酸麵種和溫水混合均勻，此為濕混合物。

4　將乾混合物加入濕混合物中混合，直到形成麵團為止。

5　用盛裝乾混合物的攪拌盆將麵團蓋起來，靜置10分鐘。

6　10分鐘以後，按照第87頁步驟5揉麵團。

7　再次蓋上麵團，靜置10分鐘。

8　重複步驟6與步驟7兩次，然後再重複步驟6。再次蓋上麵團，讓麵團靜置膨脹1小時。

9　麵團膨脹成兩倍大以後，用拳頭輕輕按壓，讓麵團內的氣體排出。

10　在乾淨的工作檯上撒上少許麵粉，將麵團放在工作檯上。

11　將麵團的一邊往中間摺，再將另一邊也往中間摺。然後，將麵團滾成長條狀，整成紡錘形。

12　在發酵籃內撒上麵粉，把麵團放入。

13　待麵團膨脹至約兩倍大，約需要3～6小時。

14　在烘烤前20分鐘，將烤箱預熱到240℃（475℉），溫度等級9。在烤箱底部放置一個深烤盤，和烤箱一起預熱。在旁邊放一杯水備用。

15　麵團膨脹至兩倍大時，將麵團倒出來放在麵包鏟或準備好的烤盤上。在麵團上撒上麵粉，並用鋒利鋸齒刀在表面上劃幾道斜線。

16　把裝了麵包的烤盤放進預熱好的烤箱中，如果使用烘焙石板，則讓麵包從麵包鏟上滑到預熱好的石板上。把一旁備用的水倒進炙熱的深烤盤，並將烤箱溫度降低到220℃（425℉），溫度等級7。

17　烘烤約30分鐘，或直到麵包呈金棕色。出爐後將麵包放在散熱架上放涼。

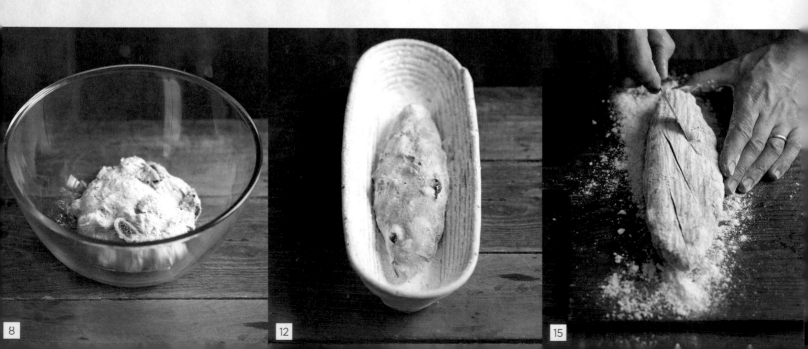

8　　12　　15

# 榛子醋栗酸種麵包

*Hazelnut And Currant Sourdough*

這款麵包最重要的元素，是稍微烘烤過的榛子。烘烤步驟能帶出榛子的香味，與醋栗的甜味有互補之效。可以試著搭配起司享用，別有一番風味。

稍微烘烤過的榛子，切碎⋯⋯120g（1杯）
醋栗⋯⋯60g（½杯）
白高筋麵粉⋯⋯375g（3杯）
食鹽⋯⋯6g（1茶匙）
白酸麵種（參考第11頁）⋯⋯140g（⅔杯）
溫水⋯⋯250g（250ml或1杯）

發酵籃（900g或2磅容量）或瀝水籃
發酵布（或乾淨的茶巾、擦碗巾）
撒上麵粉的麵包鏟或烘焙石板

• 利用鋪上烘焙紙的烤盤，可做出1個大麵包。

8

1　混合榛子和醋栗，放在一旁備用。

2　取一只較小的攪拌盆，混合麵粉與食鹽，此為乾混合物。

3　取另一只較大的攪拌盆，將酸麵種和溫水混合均勻，此為濕混合物。

4　將乾混合物加入濕混合物中，混合直到形成麵團為止。

5　用盛裝乾混合物的攪拌盆將麵團蓋起來，靜置10分鐘。

6　10分鐘以後，按照第87頁步驟5揉麵團。

7　再次蓋上麵團，靜置10分鐘。

8　重複步驟6與步驟7兩次，然後再重複步驟6。

9　再次蓋上麵團，讓麵團靜置膨脹1小時。

10　在乾淨的工作檯上撒上少許麵粉，將麵團放在工作檯上，並將麵團整成平滑的圓盤狀。

11　將發酵布放在發酵籃上，撒上大量麵粉，把麵團放進去。

12　待麵團膨脹至約兩倍大，約需要3～6小時。

13　在烘烤前20分鐘，將烤箱預熱到240℃（475℉），溫度等級9。在烤箱底部放置一個深烤盤，和烤箱一起預熱。在旁邊放一杯水備用。

14　麵團膨脹至兩倍大時，將麵團從發酵籃或瀝水籃中倒出來，放在麵包鏟或準備好的烤盤上。輕輕地把發酵布或茶巾剝下來。（見圖14-1、14-2）

15　用一把鋒利鋸齒刀在麵團表面劃幾條線。

16　把裝了麵包的烤盤放進預熱好的烤箱中，如果使用烘焙石板，則讓麵包從麵包鏟上滑到預熱好的石板上。把一旁備用的水倒進炙熱的深烤盤，並將烤箱溫度降低到220℃（425℉），溫度等級7。

17　烘烤約30分鐘，或直到麵包呈金色為止。

18　要檢查麵包是否烤透，可將麵包倒過來輕敲底部，如發出空洞的聲音即完成。

19　如果還沒烤透，則將麵包放回烤箱中，繼續烤幾分鐘。如果已經烤好了，就將麵包放在散熱架上放涼。

12

14-1

14-2

# 巧克力醋栗酸種麵包 *Chocolate And Currant Sourdough*

我很喜歡這款具有濃濃巧克力味的麵包。我決定加入醋栗,因為醋栗的甜味能和濃郁豐富的可可味形成對比。這款麵包不僅迷人,且出乎意料地好吃,拿來送給美食家朋友,絕對會是很棒的禮物。

醋栗……200g(1⅓杯)
牛奶或半甜巧克力豆……80g(⅔杯)
白高筋麵粉……330g(2⅔杯)
食鹽……8g(1½茶匙)
可可粉……20g(2½湯匙)
白酸麵種(參考第11頁)……170g
溫水……250g(250ml或1杯)

長形發酵籃(900g或2磅容量)或瀝水籃
撒上麵粉的麵包鏟或烘焙石板

• 利用鋪上烘焙紙的烤盤,可做出1個大麵包。

1 混合醋栗與巧克力,放在一旁備用。

2 取一只較小的攪拌盆,混合麵粉、食鹽與可可粉,此為乾混合物。

3 取另一只較大的攪拌盆,將酸麵種和溫水混合均勻,此為濕混合物。

4 將乾混合物和巧克力混合物加入濕混合物中,混合直到形成麵團為止。

5 用盛裝乾混合物的攪拌盆將麵團蓋起來,靜置10分鐘。

6 10分鐘後,按照第87頁步驟5揉麵團。

7 再次蓋上麵團,靜置10分鐘。

8 重複步驟6與步驟7兩次,然後再重複步驟6。再次蓋上麵團,讓麵團膨脹1小時。

9 麵團膨脹至兩倍大後,用拳頭輕輕按壓,讓氣體排出。

10 在乾淨的工作檯上撒上少許麵粉,將麵團放在工作檯上。

11 將麵團分成兩等份並整成球形。

12 在發酵籃內撒上麵粉,然後將兩球麵團並排放進去,讓它們緊貼在一起。

13 待麵團膨脹至約兩倍大,約需3～6小時。

14 在烘烤前20分鐘,將烤箱預熱到240℃(475℉),溫度等級9。在烤箱底部放置一個深烤盤,和烤箱一起預熱。在旁邊放一杯水備用。

15 麵團膨脹至兩倍大時,將麵團從發酵籃中倒出來,放在麵包鏟或準備好的烤盤上。在麵團上面撒上麵粉,並用鋒利鋸齒刀在麵團表面劃出十字。

16 把裝了麵包的烤盤放進預熱好的烤箱中,如果使用烘焙石板,則讓麵包從麵包鏟上滑到預熱好的石板上。把一旁備用的水倒進炙熱的深烤盤,並將烤箱溫度降低到220℃(425℉),溫度等級7。

17 烘烤約30分鐘,或直到麵包呈棕色為止。

18 要檢查麵包是否烤透,可將麵包倒過來輕敲底部,如發出空洞的聲音即完成。烤好後,將麵包放在散熱架上放涼。

8　　　　　　　　　　　　　　　　12　　　　　　　　　　　　　　　　15

1

## 葛縷子裸麥酸種麵包
### *Caraway Rye Sourdough*

我認為，這款微微散發出葛縷子香氣的裸麥麵包，是你能在德國找到的典型裸麥麵包。烘烤過後，麵包表面會出現顯著裂痕，看起來棒極了。

黑裸麥麵粉或粗裸麥粉……350g（3杯）
白高筋麵粉……150g（1½杯）
食鹽……10g（2茶匙）
葛縷子……3g（1滿茶匙）
裸麥酸麵種（參考第11頁）……250g（1杯）
溫水……400g（400ml或1½杯）

發酵籃（900g或2磅容量）
撒上麵粉的麵包鏟或烘焙石板

• 利用鋪上烘焙紙的烤盤，可做出1個大麵包。

2

3-1

3-2

7

1　取一只較小的攪拌盆，混合麵粉、食鹽和葛縷子，此為乾混合物。

2　取另一只較大的攪拌盆，將酸麵種和溫水混合均勻，此為濕混合物。

3　將乾混合物加入濕混合物中，攪拌至混合均勻，看起來像是濃稠的粥狀。（見圖3-1、3-2）

4　用盛裝乾混合物的攪拌盆將麵團蓋起來，靜置1小時。

5　1小時以後，將麵團移到稍微撒了麵粉的工作檯上，大致整成盤狀。

6　在一個托盤上撒上大量黑裸麥麵粉。

7　讓麵團在托盤中滾一下，讓麵團沾滿裸麥粉。

8　在發酵籃內撒上麵粉，放入麵團，在麵團上撒上麵粉。（見圖8-1、8-2）

9　待麵團膨脹至約兩倍大，約需要3～6小時。

10　在烘烤前20分鐘，將烤箱預熱到240℃（475℉），溫度等級9。在烤箱底部放置一個深烤盤，和烤箱一起預熱。在旁邊放一杯水備用。

11　麵團膨脹至兩倍大時，將麵團從發酵籃中倒出來，放在麵包鏟或準備好的烤盤上。

12　把裝了麵包的烤盤放進預熱好的烤箱中，如果使用烘焙石板，則讓麵包從麵包鏟上滑到預熱好的石板上。把一旁備用的水倒進炙熱的深烤盤，並將烤箱溫度降低到230℃（450℉），溫度等級8。

13　烘烤約30分鐘，或直到麵包呈棕色為止。

14　要檢查麵包是否烤透，可將麵包倒過來輕敲底部，如發出空洞的聲音即完成。

15　如果還沒烤透，則將麵包放回烤箱中，繼續烤幾分鐘。如果已經烤好了，就將麵包放在散熱架上放涼。

8-1

8-2

9

11

# 綜合雜糧酸種麵包

*3-Grain Bread*

這是我在開普敦澤邦斯蛋糕咖啡店（Zerbans Cake and Coffee Shop）擔任學徒時做出的麵包配方，裡面用了裸麥、小麥、燕麥以及許多種籽。

茴香籽2湯匙、芫荽籽2湯匙、
加上葛縷子1湯匙做成香料
冷水……100g（100ml或½杯）
葵花籽……50g（⅓杯）
亞麻籽……30g（⅓杯）
燕麥片……12g（2湯匙）
碎小麥……12g（2湯匙）
裸麥酸麵種（參考第11頁）
……180g（¾杯）
溫水……150g（150ml或⅔杯）
輕裸麥粉……250g（2杯）
白高筋麵粉……150g（1¼杯）
食鹽……8g（1½茶匙）
新鮮酵母……4g
*或乾酵母（活性乾酵母）
……2g（½茶匙）
溫水……50g（50ml或3湯匙）

發酵籃（900g或2磅容量）
撒上麵粉的麵包鏟或烘焙石板

- 利用鋪上烘焙紙的烤盤，可做出1個大麵包。

1 將茴香籽、芫荽籽和葛縷子混合，放在乾燥的醬汁鍋內，以小火翻炒，直到開始出現爆開的聲音為止。放涼，然後用研缽或香料研磨器磨碎。

2 將100g冷水、葵花籽、亞麻籽、燕麥和碎小麥放在一只較大的攪拌盆中並混合均勻，此為濕混合物。將攪拌盆蓋起來，在陰涼處靜置一晚。

3 取另一只較大的攪拌盆，將酸麵種與150g溫水混合均勻，加入輕裸麥粉，攪拌成糊，然後將攪拌盆蓋起來，在陰涼處發酵一晚。

4 隔日，取一只較小的攪拌盆，混合白高筋麵粉、食鹽和1茶匙步驟1的綜合香料，此為乾混合物。

5 取另一只較小的攪拌盆，放入酵母與50g溫水，攪拌至溶化，把酵母溶液加入發酵過的酸麵種混合物中混合均勻。

6 濕混合物中加入酸麵種混合物，再加入乾混合物，攪拌至形成麵團為止。此時麵團應該相當硬挺且黏手，如果看起來太乾，可以加一點水攪拌均勻。

7 用盛裝乾混合物的攪拌盆將麵團蓋起來，靜置10分鐘。

8 10分鐘後，按照第87頁步驟5揉麵團。此時麵團的黏性會相當高。

9 再次蓋上麵團，靜置10分鐘。

10 重複步驟8與步驟9兩次，然後再重複步驟8。

11　再次蓋上麵團，讓麵團膨脹
　　1小時。

12　在乾淨的工作檯上撒上燕麥
　　片，將麵團放在工作檯上。

13　用手將麵團整成長寬與發酵
　　籃差不多的形狀。

14　在發酵籃中撒上更多燕麥
　　片，把麵團放進去。

15　待麵團膨脹至約兩倍大，約
　　1～2小時。

16　在烘烤前20分鐘，將烤箱
　　預熱到240℃（475℉），溫
　　度等級9。在烤箱底部放置
　　一個深烤盤，和烤箱一起預
　　熱。在旁邊放一杯水備用。

17　麵團膨脹至兩倍大時，將麵
　　團從發酵籃中倒出來，放在
　　麵包鏟或準備好的烤盤上。
　　用鋒利鋸齒刀在麵團表面劃
　　上「Z」字形。

18　把裝了麵包的烤盤放進預熱
　　好的烤箱中，如果使用烘焙
　　石板，則讓麵包從麵包鏟上
　　滑到預熱好的石板上。把一
　　旁備用的水倒進炙熱的深烤
　　盤，並將烤箱溫度降低到
　　220℃（425℉），溫度等
　　級7。

19　烘烤約30分鐘，或直到麵
　　包呈棕色為止。

20　烤好後，將麵包放在散熱架
　　上放涼。

# 杜蘭小麥麵包 *Semolina Bread*

白高筋麵粉或義大利「00」麵粉
……125g（1杯）
食鹽……3g（½茶匙）
白酸麵種（參考第11頁）……25g
（2湯匙）
溫水……150g（150ml或⅔杯）
杜蘭小麥粉…150g（1杯加2湯匙）
新鮮酵母……3g
*或乾酵母（活性乾酵母）……2g
（¾茶匙）
溫水……50g（50ml或3湯匙）
橄欖油……5g（1茶匙）
橄欖油……15g（3茶匙）

• 利用鋪上烘焙紙的烤盤，可做出
  1個小麵包。

這是我個人對義大利阿爾塔穆拉（Altamura）杜蘭小麥麵包的詮釋版本。我利用這種做法來分解杜蘭小麥粉，製造出一種微妙且甜味細膩的風味。這款麵包的運用方式很廣，幾乎可以用來搭配你所選擇的任何配料。

1　取一只較小的攪拌盆，混合麵粉與食鹽，此為乾混合物。

2　取另一只較大的攪拌盆，秤出適重酸麵種、150g溫水與杜蘭小麥粉。

3　用木匙將酸麵種、水和杜蘭小麥粉混合均勻。

4　將小麥粉混合物蓋上蓋子，在陰涼處發酵2小時或一整晚，此為酵頭。

5　酵頭可以使用時，取一只較大的攪拌盆，放入酵母與50g溫水，攪拌至酵母溶化，再加入5g橄欖油。

6　將酵母溶液加入酵頭中，此為濕混合物。

7　將乾混合物加入濕混合物中。

8　用木匙攪拌至成團為止。

9　將麵團蓋起來，靜置10分鐘，此時的麵團會非常軟。

10　將15g橄欖油的一半倒入另一只大碗中。

11　用麵團刮刀將麵團刮入放了橄欖油的大碗中。

12　從一側將麵團拉起來往中間壓。將碗稍微轉一個方向，拉起另一部分麵團重複同樣的動作。此動作再做兩次。

13　讓麵團靜置10分鐘。

14 加入剩餘橄欖油，讓麵團不至於黏在碗上，重複步驟 12 與步驟 13 三次。

15 讓麵團靜置 10 分鐘。

16 在乾淨的工作檯上撒上少許麵粉，將麵團放在工作檯上。

17 按照步驟 12 的手法摺疊麵團兩次。（見圖 17-1、17-2、17-3）

18 讓麵團靜置 15～20 分鐘。

19 經過 15～20 分鐘後，再次摺疊麵團，摺疊時一邊旋轉麵團一邊折，將麵團轉一整圈。之後，將麵團翻過來，將邊緣往內折，做成一個表面平滑的扁球形。

20 在鋪好烘焙紙的烤盤上撒上杜蘭小麥粉，將麵團放上去，然後在麵團表面也撒上杜蘭小麥粉。

21 用手指在麵團中間挖出一個洞，然後輕輕地把洞擴大，形成一個環狀。

22 讓麵團膨脹 30 分鐘，或是膨脹到麵團表面開始形成氣泡為止。

23 在烘烤前 20 分鐘，將烤箱預熱到 240℃（475℉），溫度等級 9。在烤箱底部放置一個深烤盤，和烤箱一起預熱。在旁邊放一杯水備用。

24 待麵團發好，用鋒利鋸齒刀在麵團表面劃三條線。

25 把裝了麵包的烤盤放進預熱好的烤箱中。把備用的水倒進炙熱的深烤盤，將烤箱溫度降到 220℃（425℉），溫度等級 7。

26 烘烤約 35 分鐘，或直到麵包呈金棕色為止。

27 要檢查麵包是否烤透，可將麵包倒過來輕敲底部，如發出空洞的聲音即完成。

28 如果還沒烤透，則將麵包放回烤箱中，繼續烤幾分鐘。如果已經烤好了，就將麵包放在散熱架上放涼。

# 葵花籽雜糧麵包
*Multigrain Sunflower Bread*

這是另一款美味的德式麵包，風味濃郁，單吃也很棒。葵花籽替這款麵包增添了脆脆的口感。

黑糖蜜……2茶匙
溫水……140g（140ml或½杯加1湯匙）
剁碎或壓裂的裸麥……100g（⅔杯）
黑裸麥麵粉或粗裸麥粉……140g（1杯）
麥芽麵粉（全麥麵粉）……40g（⅓杯）
食鹽……10g（2茶匙）
葵花籽……100g（⅔杯）
新鮮酵母……6g
*或乾酵母（活性乾酵母）……3g（1茶匙）
溫水80g（80ml或⅓杯）
裸麥酸麵種（參考第11頁）……60g（¼杯）

• 利用500g（6×4英吋）抹上植
  物油的麵包烤模，可做出1個中
  型麵包。

1　取一只較大的攪拌盆，放入黑糖蜜和140g溫水，
　　攪拌至黑糖蜜融化。

2　加入剁碎的裸麥，攪拌均勻。將攪拌盆蓋起來，讓
　　裸麥浸泡至軟，必要的話可以泡一整晚。

3　取另一只較人的攪拌盆，混合麵粉、食鹽與葵花
　　籽，放一旁備用，此為乾混合物。

4　取另一只較小的攪拌盆，放入酵母與80g溫水，攪
　　拌全酵母溶化，然後加入酸麵種攪拌均勻，此為濕
　　混合物。

5　將濕混合物加到泡好的裸麥中，加入乾混合物。

6　用木匙攪拌直到混合均勻為止。

7　用盛裝乾混合物的攪拌盆將麵團蓋起來，靜置1個
　　小時。

8　將混合物舀到準備好的麵包烤模中。將塑膠刮板或
　　湯匙沾水，將麵團表面抹平。

9　蓋上麵團，讓麵團膨脹30～45分鐘。

10　在烘烤前20分鐘，將烤箱預熱到240℃（475℉），
　　溫度等級9。在烤箱底部放置一個深烤盤，和烤箱
　　一起預熱。在旁邊放一杯水備用。

11　把裝了麵包的烤盤放進預熱好的烤箱中。把一旁備
　　用的水倒進炙熱的深烤盤，並將烤箱溫度降低到
　　220℃（425℉），溫度等級7。

12　烘烤約35分鐘，或直到麵包呈棕色為止。

13　烤好後，將麵包放在散熱架上放涼。

PASTRIES & SWEET TREATS

Part 4
糕點與甜點

# 可頌 *Croissants*

一旦掌握製作可頌麵包的方法，你就能營造出有如法式咖啡廳的美味，也能烘焙出巧克力可頌和葡萄乾可頌。

白高筋麵粉……250g（2杯）
細砂糖……20g（1½湯匙）
鹽……5g（1茶匙）
新鮮酵母……10g
*或乾酵母（活性乾酵母）……5g（1½茶匙）
溫水……125g（125ml或½杯）
奶油……150g（10湯匙）
中型雞蛋，加一撮鹽打散，刷蛋液用……1個

• 利用鋪上烘焙紙的烤盤，可以做出8個可頌麵包。

1　取一只較小的攪拌盆，混合麵粉、糖與鹽，此為乾混合物。

2　取另一只較大的攪拌盆，放入酵母和溫水並攪拌至溶化，此為濕混合物。

3　將乾混合物加入濕混合物中，攪拌至形成麵團。

4　用盛裝乾混合物的攪拌盆將麵團蓋起來。

5　靜置10分鐘。

6　10分鐘過後，可以開始揉麵團。將麵團放在攪拌盆中，從旁邊拉起一部分麵團，將它從中間壓下去。稍微轉動攪拌盆，再次進行同樣的動作。繼續重複這個動作八次。整個過程大約只需10秒鐘，麵團會開始出現韌性。

7　再次蓋上麵團，靜置10分鐘。

8　重複步驟6與步驟7兩次，然後再重複步驟6。

9　蓋上麵團，將麵團置於冰箱內一整晚。如果你使用的是乾酵母（活性乾酵母），把麵團放進冰箱之前，應該讓麵團先在室溫中靜置膨脹30分鐘，好讓酵母開始運作。

10　將麵團從冰箱裡拿出來。

11　將麵團倒出來放在工作檯上。

12　將麵團的邊緣往外拉，做成一個邊長約12公分（5英吋）的正方形。

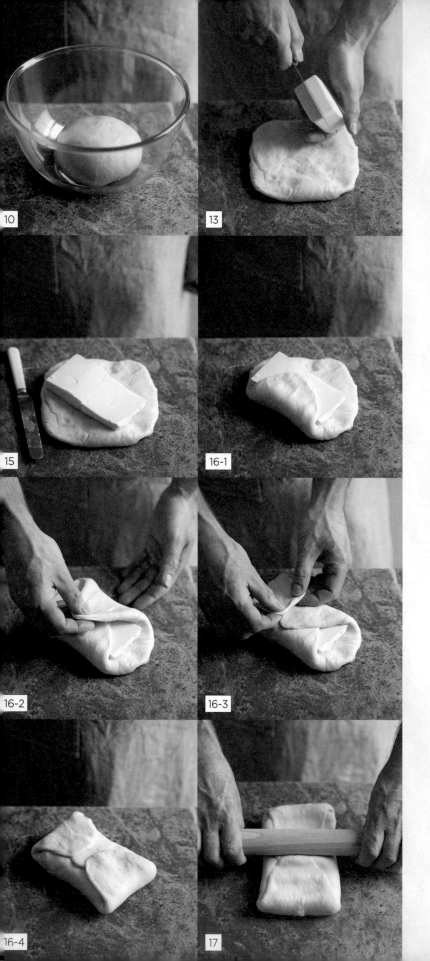

13　切開奶油，排成約為正方形麵團一半大的長方形。

14　確定麵團的厚度和奶油差不多。

15　將奶油斜放在正方形麵團中央。

16　將麵團的四個角往中間摺，將奶油包起來，做出一個整齊的麵團奶油包。若有必要可以將麵團拉開一點，好將奶油完全包起來。（見圖16-1、16-2、16-3、16-4）

17　將擀麵棍放在麵團上，向下按壓並推開，讓奶油均勻分布。

18　開始將麵團沿縱向擀開，直到擀出一個厚度1公分（½英吋）的長方形為止。

19　將長方形的下三分之一往上摺。

20　將長方形的上三分之一往下摺。

21　你現在應該看到三個互相交疊的長方形，這是第一回合。用指尖在麵團上做一個記號，提醒自己已經完成一次。

22　用保鮮膜將麵團包起來，放入冰箱冷藏20分鐘。

23　把麵團從冰箱拿出來，重複步驟17～步驟21兩次。

24　你現在應該已經將麵團折了三個回合，麵團上應有三個記號。

25　用保鮮膜將麵團包起來，冷藏40分鐘。

26　將麵團從冰箱拿出來，擀成一個長38公分、寬24公分（長15英吋、寬10英吋）的長方形。

27　將長方形切成許多細長的三角形，如圖27所示，應該能切出八到九個三角形。

28　將每個三角形從最短邊捲起來，做成可頌的形狀。（見圖28-1、28-2）

29　將可頌放在準備好的烤盤上，不要排得太緊密，確保每個可頌都有膨脹的空間。

30　讓麵團膨脹到可以清楚看到麵皮皺摺分開的程度。

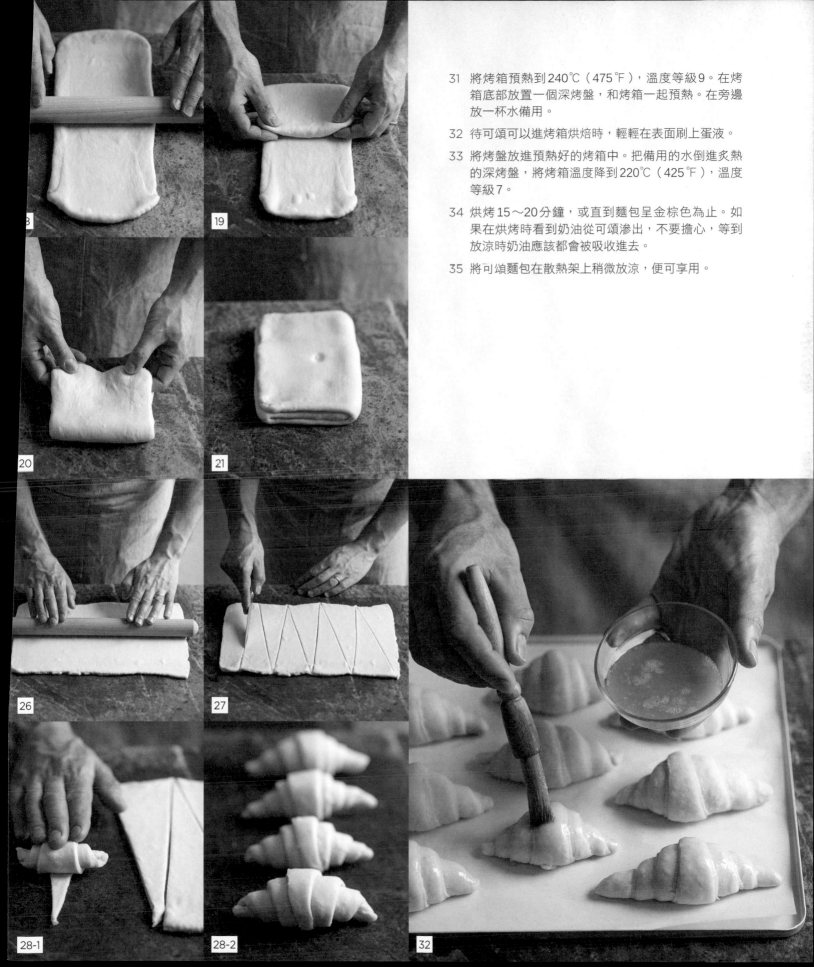

31 將烤箱預熱到240℃（475℉），溫度等級9。在烤箱底部放置一個深烤盤，和烤箱一起預熱。在旁邊放一杯水備用。

32 待可頌可以進烤箱烘焙時，輕輕在表面刷上蛋液。

33 將烤盤放進預熱好的烤箱中。把備用的水倒進炙熱的深烤盤，將烤箱溫度降到220℃（425℉），溫度等級7。

34 烘烤15～20分鐘，或直到麵包呈金棕色為止。如果在烘烤時看到奶油從可頌滲出，不要擔心，等到放涼時奶油應該都會被吸收進去。

35 將可頌麵包在散熱架上稍微放涼，便可享用。

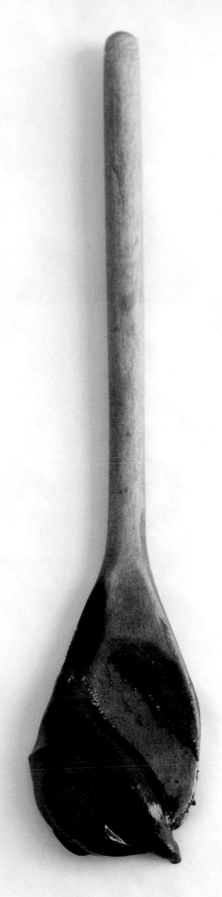

7

# 巧克力可頌麵包 *Pains Au Chocolat*

請記住，可頌麵包不是在短短幾個小時內就能製作完成的，不過好東西永遠值得等待，悉心製作這些最受歡迎的法式早餐麵包，絕對會讓你得到美好的回報。

**巧克力棒**

黑苦巧克力（可可含量70%）……75g（2½oz.）
水……1½湯匙
糖……2湯匙

**製作巧克力棒**

1. 將巧克力弄碎或切碎，放一旁備用。

2. 將水和糖放在醬汁鍋裡煮開。

3. 糖水煮開以後，將鍋子離火。

4. 將巧克力加入熱糖水中，攪拌至巧克力融化成滑順且帶有光澤的液體。

5. 讓混合物降溫，不時用木匙攪拌。

6. 如果巧克力混合物有結塊，則將鍋子放在小火上加熱，攪拌至滑順為止。

裝上簡單小型花嘴的擠花袋

• 利用鋪上烘焙紙的烤盤。

7. 一旦混合物降溫到適合擠花的稠度，就將它舀入擠花袋中，在準備好的烤盤上擠出約5公釐（¼英吋）厚的長條狀。

8. 放入冰箱，直到成形（如不馬上使用，亦可先冷凍）。

2

6

12

1份可頌麵包的麵團（參考第137頁，仿照相同作法至步驟25）
1份巧克力棒（參考第141頁）
1個中型雞蛋，加一撮鹽打散，刷蛋液用

- 利用鋪上烘焙紙的烤盤，
  可做出8個巧克力可頌。

1 將可頌麵團拿出冰箱，用擀麵棍擀成約長
  48公分、寬15公分（長20英吋、寬6英
  吋）的長方形。

2 將麵團切成八個長15公分、寬6公分（長6
  英吋、寬2½英吋）的長方形。

3 用手把巧克力棒折斷，每段長度約6公分
  （2½英吋）。你會需要16段巧克力，剩餘
  的部分可以放入冷凍庫保存，待下次使用。

4 將一段巧克力放在長方形麵團的底部。

5 將巧克力棒下面的麵團往上摺，包住巧克力
  棒，然後開始向上捲約四分之一左右。

6 將另一段巧克力棒緊靠著捲好的部分放好。

7 把整片捲完，確定接合處位於捲好麵團的正
  下方，稍微用手壓平。

8 用同樣的手法處理剩餘的長方形麵團，總共
  做出八個巧克力可頌麵包。

9 將麵包放在準備好的烤盤上，不要排得太緊
  密，確保每個可頌都有膨脹的空間。

10 讓麵團膨脹到可以清楚看到麵皮皺摺分開的
   程度。

11 將烤箱預熱到240℃（475℉），溫度等級
   9。在烤箱底部放置一個深烤盤，和烤箱一
   起預熱。在旁邊放一杯水備用。

12 待巧克力可頌可以進烤箱烘焙時，輕輕在表
   面刷上蛋液。

13 將烤盤放進預熱好的烤箱中。把一旁備用的
   水倒進炙熱的深烤盤，並將烤箱溫度降低到
   220℃（425℉），溫度等級7。

14 烘烤12～15分鐘，或到麵包呈金棕色為
   止。如果在烘烤時看到奶油從巧克力可頌滲
   出，不要擔心，等到放涼時奶油應該都會被
   吸收進去。

15 讓巧克力可頌在散熱架上稍微放涼後，便可
   享用。

# 葡萄乾可頌 *Pains Aux Raisins*

週末若有客人來訪留宿，何不在前一天準備這些讓人無法抗拒的葡萄乾可頌麵包，作為週日早晨的美味早餐，這些麵包會比吐司或店鋪裡買的現成瑪芬更讓人讚賞。

1份可頌麵包的麵團（參考第137頁，一直到步驟25為止）
深色葡萄乾……150g（1杯）
質地滑順的杏桃果醬，刷亮表面用（自由添加）
糖粉，刷亮表面用（自由添加）

• 利用兩只鋪上烘焙紙的烤盤，可做出約19個麵包。

### 卡士達

| | |
|---|---|
| 白中筋麵粉……20g（2½湯匙） | 玉米澱粉……10g（4茶匙） |
| 全脂牛奶……250g（250ml或1杯） | 1個大型雞蛋，稍微打散 |
| 糖……50g（¼杯） | 香草精……1茶匙 |

### 製作卡士達

1. 取一只小攪拌盆，將麵粉、玉米澱粉和¼的牛奶混合，用打蛋器攪打至平滑。

2. 將雞蛋加入麵粉混合物中。

3. 取一只醬汁鍋，放入剩餘的牛奶、糖和香草精，加熱至糖完全溶化、混合物煮沸。

4. 沸騰時，加入麵粉混合物，用力攪打。

5. 繼續在爐上攪打，待混合物開始變稠，繼續煮兩分鐘。

6. 鍋子離火，將卡士達移到碗中。

7. 將保鮮膜貼著卡士達的表面完全覆蓋，避免表面乾燥形成硬皮。

8. 放涼並冷藏備用。

9. 冷藏的卡士達至多可以存放24個小時。

### 製作葡萄乾麵包

1. 將可頌麵團拿出冰箱，用擀麵棍擀成約長38公分、寬24公分（長15英吋、寬10英吋）的長方形。

2. 將卡士達放在麵團上，用湯匙背面抹平。你可能不會用到所有的卡士達醬。

3. 在卡士達上均勻地撒上葡萄乾。

4. 將麵團由較長的那一側捲起來，做成長條狀。

5. 用保鮮膜把麵團包好，放進冰箱冷藏30分鐘。

6. 將麵團從冰箱拿出來，拆掉保鮮膜，然後將麵團切片，每片寬度約2公分（¾英吋），約可切成19片。

7. 將每一片平放在準備好的烤盤中。將每個渦形麵團的末端藏到麵團底下，有助於在烘烤時維持形狀。麵團不要排得太緊密，確保每個可頌都有膨脹的空間。

8

13

15

8　讓麵團膨脹到可以清楚看到麵皮皺摺分開的程度。

9　將烤箱預熱到240℃（475℉），溫度等級9。在烤
　　箱底部放置一個深烤盤，和烤箱一起預熱。在旁邊
　　放一杯水備用。

10　將烤盤放進預熱好的烤箱中。把備用的水倒進炙熱
　　的深烤盤，將烤箱溫度降低到220℃（425℉），溫
　　度等級7。

11　烘烤12～15分鐘，或直到麵包呈金棕色為止。如
　　果葡萄乾看起來快烤焦，可降低烤箱溫度。如果在
　　烘烤時看到奶油從麵包滲出，不用擔心，等到放涼
　　時奶油應該都會被吸收進去。

12　待麵包出爐放涼時，用小醬汁鍋將杏桃果醬加熱。

13　在每一個溫熱的麵包上刷上溫熱的果醬。

14　若你想製作糖霜，則將幾湯匙糖粉和少量冷水放入
　　小碗中混合均勻。慢慢加入更多水，直到獲得光滑
　　液狀質地為止。

15　等麵包放涼以後，把糖霜淋在麵包上。

# 哥本哈根可頌 *Copenhagens*

我在當學徒時，學會了這種叫做哥本哈根可頌的丹麥式麵包。這是一款果香味四溢的甜麵包，帶了一點杏仁的香氣，風味細膩。這款麵包讓我對糕點產生興趣，雖然製作過程中的摺疊技巧較為麻煩，但熟能生巧，只要有耐心，照著書中照片一步一步製作，絕對能有所回報。

1份可頌麵包的麵團（參考第137頁，一直到步驟25為止）
質地滑順的杏桃果醬……50g（¼杯）
*另外多準備一些用來刷亮表面
無籽葡萄乾或金黃葡萄乾……100g（¾杯）
糖粉，刷亮光液用（自由添加）
烘烤過的杏仁碎片，淋撒用

**杏仁糖膏內餡材料**

優質杏仁糖膏……50g（1¾oz.）
軟奶油（有鹽或無鹽皆可）……50g（3湯匙）
細砂糖……25g（2湯匙）
中型雞蛋……1個
中筋麵粉……50g（⅓杯加1湯匙）

- 利用兩只鋪上烘焙紙的烤盤，
  可做出約11個麵包。

**製作杏仁糖膏內餡**

1 將杏仁糖膏、軟奶油與砂糖放在一只小碗內。

2 用木匙或打蛋器將奶油混合物攪打成輕盈滑膩的質地。

3 將雞蛋加入奶油混合物中，攪拌均勻。

4 加入麵粉，攪拌至完全混合均勻。

5 碗裡應呈現濃稠的膏狀混合物。

6 製作好的杏仁糖膏內餡應馬上使用。如果提早做好，則用保鮮膜將它蓋起，放入冰箱冷藏，使用前從冰箱取出回溫。

**製作哥本哈根可頌**

1 將可頌麵團從冰箱取出，用擀麵棍擀成約長38公分、寬28公分（長15英吋、寬11英吋）的長方形。

2 用湯匙背面將杏桃果醬均勻抹在長方形麵團上。

3 用湯匙背面將放於室溫已回溫的杏仁糖膏內餡均勻抹在杏桃果醬上方。塗抹時不要把內餡抹到麵團邊緣，避免稍後摺疊麵團時內餡溢出。

4 沿著麵團的長邊均勻撒上葡萄乾，鋪上一半即可。

5 將另一半沒有葡萄乾的麵團摺到葡萄乾覆蓋的麵團上。

6 用手輕壓，讓麵團的兩半黏在一起。

7 將麵團切成寬度約3.5公分（1¼英吋）的長條。

8 拿起其中一條，輕輕將它稍微拉長。

9 按照右側照片所示，一步一步把哥本哈根麵包形狀摺出來。一邊摺，一邊慢慢地把麵團拉長。（見圖9-1、9-2、9-3、9-4、9-5）

10 做好的形狀大致呈圓形，摺疊好的麵團之間沒有肉眼可見的洞。這個技巧需要多一點練習才能做得好！

11 將摺好的麵團放在準備好的烤盤上，確實把麵團末端塞好，在烘烤時有助於維持形狀。麵團不要排得太緊密，確保每個可頌都有膨脹的空間。

12 讓麵團膨脹到可以清楚看到麵皮皺摺分開的程度。

13 將烤箱預熱到240℃（475℉），溫度等級9。在烤箱底部放置一個深烤盤，和烤

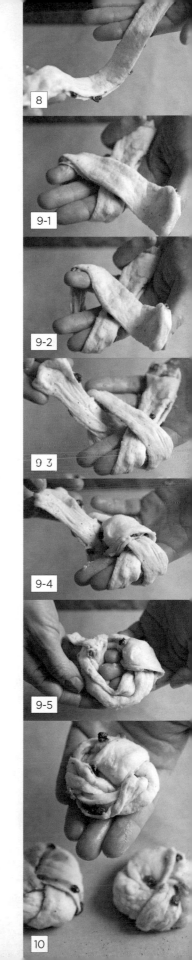

箱一起預熱。在旁邊放一杯水備用。

14 將烤盤放進預熱好的烤箱中。把備用的水倒進炙熱的深烤盤，並將烤箱溫度降到220℃（425℉），溫度等級7。

15 烘烤12～15分鐘，或直到麵包呈金棕色為止。如果在烘烤時看到奶油從麵包滲出，不要擔心，等到放涼時奶油都會被吸收進去。

16 待麵包出爐放涼時，用小醬汁鍋將杏桃果醬加熱。

17 在每一個溫熱的麵包上刷上溫熱的果醬。

18 若你想製作糖霜，則將幾湯匙糖粉和少量冷水放入小碗中混合均勻。一邊攪拌，一邊慢慢加入更多水，直到獲得光滑液狀的質地為止。

19 把糖霜大略刷在麵包表面上。糖霜會從皺摺與裂縫滲入。

20 在麵包上面撒上杏仁片。

21 待果醬與糖霜固定再享用。

12

17

19

# 布里歐許麵包 *Brioche*

如同前面幾則食譜，這款麵包也是經典的法式麵包。我認為，一個好的布里歐許麵包是一種完美奢華的表現。這款麵包微甜，因為用了雞蛋和奶油而有了豐富的滋味，用來搭配巧克力醬更是美味。

白高筋麵粉或法國T55麵粉……250g（2杯）
食鹽……4g（¾茶匙）
糖……30g（2湯匙加1茶匙）
新鮮酵母……20g
*或乾酵母（活性乾酵母）……10g（1湯匙）
稍微加熱過的全脂牛奶……60g（60ml或¼杯）
中型雞蛋……2個
軟奶油（有鹽或無鹽皆可）……100g（6½湯匙）
1個中型雞蛋，加一撮鹽打散，刷蛋液用

• 利用500g（6×4英吋）
  抹上植物油的麵包烤模，
  可做出1個小麵包。

1 取一只較小的攪拌盆，混合麵粉、食鹽和糖，放在一旁備用，此為乾混合物。

2 取另一只較大的攪拌盆，秤出適重酵母，加入牛奶，攪拌至酵母溶解。

3 將兩個雞蛋打散，然後加入酵母溶液中，此為濕混合物。

4 將乾混合物加入濕混合物中。

5 用手混合成團。

6 此時混合物會相當黏手。

7 用盛裝乾混合物的攪拌盆將麵團蓋起來。

8 靜置10分鐘。

9 10分鐘以後，按照第87頁步驟5揉麵團。

10 再次蓋上麵團，靜置10分鐘。

11 重複步驟9與步驟10。

12 一小塊、一小塊將奶油捏出來，壓入麵團內。

13 再次揉麵團，好讓奶油與麵團融合。揉好後蓋上麵團，靜置10分鐘。

14 最後一次揉麵團，確定奶油與麵團完全融合。

15 蓋上麵團，放入冰箱冷藏，讓麵團膨脹1個小時。

16 用拳頭按壓麵團以釋出氣體。

17 在乾淨的工作檯上撒上少許麵粉，將麵團放在工作檯上。

18 用金屬麵團刮板或鋒利鋸齒刀將麵團分成三等份。

19 用手將每一份麵團搓揉成平滑完美的球形。

20 將麵團放進準備好的麵包烤模中。

21 用大碗把烤模蓋起來，待麵團膨脹到將近兩倍大，約需要30～45分鐘。

22 在烘烤前20分鐘，將烤箱預熱到200℃（400℉），溫度等級6。在烤箱底部放置一個深烤盤，和烤箱一起預熱。在旁邊放一杯水備用。

23 待布里歐許麵包發酵完畢，在表面刷上蛋液。

24 用廚房剪刀在每一塊麵團的表面剪一道刀痕。

25 將麵團放進預熱好的烤箱中，並把一旁備用的水倒進炙熱的深烤盤裡。

26 烘烤約20分鐘，或直到麵包呈金棕色為止。

27 要檢查麵包是否烤透，可將麵包倒過來輕敲底部，如發出空洞的聲音即完成。如果已經烤好了，就將麵包放在散熱架上放涼。

# 肉桂捲 *Cinnamon Rolls*

新鮮酵母……5g
*或乾酵母（活性乾酵母）……3g
（1茶匙）
砂糖……20g（2½湯匙）
*另備少許撒粉用
溫水……70g（70ml或5湯匙）
白高筋麵粉……100g（¾杯）
白高筋麵粉……100g（約1杯）
食鹽……1g（¼茶匙）
肉桂粉……1茶匙
*另備少許撒粉用
中型雞蛋，稍微打散……1個
軟奶油（有鹽或無鹽皆可）
……40g（2½湯匙）
*另備少許融化奶油刷油用。
1個中型雞蛋，加一撮鹽打散，
刷蛋液用
糖粉，撒粉用

• 利用23公分（9英吋）圓形蛋糕
 模，抹上植物油並稍微撒上麵
 粉，可做出約13個麵包。

利用蛋糕模來製作，可保持麵包本身的濕度。享用時只要拉一塊起來即可，肉桂捲和早晨的咖啡極為搭配，也非常適合與人分享，歡迎來到肉桂和咖啡的天堂！

1　取一只較大的攪拌盆，秤出適重酵母，加入糖和水，攪拌至酵母和糖完全融化。加入100g麵粉，用木匙攪拌至混合均勻，此為酵頭。

2　將酵頭蓋起來，放在溫暖處發酵，直到體積膨脹為兩倍大，約需1小時。

3　在酵頭膨脹的同時，取另一只較小的攪拌盆，將100g麵粉、食鹽和肉桂粉混合，此為乾混合物。

4　待酵頭完成發酵，就將乾混合物和雞蛋加入酵頭中，混合成團。

5　加入奶油，混合到完全融合。

6　將麵團蓋起來，靜置10分鐘。

7　10分鐘後，按照第87頁步驟5揉麵團。

8　再次蓋上麵團，靜置10分鐘。

9　重複步驟7與步驟8兩次，然後再重複步驟7。

10　再次蓋上麵團，靜置膨脹1小時。

11　待麵團膨脹至兩倍大，用拳頭輕壓，讓空氣釋出。

12　在乾淨的工作檯上撒上少許麵粉，將麵團放在工作檯上。

13　用指尖將麵團推開，將麵團鋪平並弄大，做成一個厚度3公釐（⅛英吋）的長方形。

14　在麵團表面刷上蛋液。

15　按個人喜好，在蛋液上面撒上肉桂粉與糖粉。

16　從長邊將麵團捲起，做成長條狀。

17　將麵團切塊，每塊寬度約2公分（¾英吋），約可切出13個。

18　將切好的麵團放在準備好的蛋糕模裡排好，切面朝上。將麵團緊密貼著排列在一起。

19　將麵團蓋上，膨脹到約兩倍大。

20　在烘烤前20分鐘，將烤箱預熱到200℃（400℉），溫度等級6。在烤箱底部放置一個深烤盤，和烤箱一起預熱。在旁邊放一杯水備用。

21　將蛋糕模放入預熱好的烤箱中。把一旁備用的水倒進炙熱的深烤盤裡，並將烤箱溫度降低到180℃（350℉），溫度等級4。

22　烘烤肉桂捲約10～15分鐘，或直到麵包呈金棕色為止。

23　將肉桂捲倒出，放在散熱架上放涼。

24　在溫熱的肉桂捲上刷上融化奶油，並撒上糖粉與肉桂粉。

# 復活節十字麵包 *Hot Cross Buns*

這是英國地區的傳統復活節點心，不過你也可以在非復活節時期製作這款麵包，畢竟沒有理由只能在復活節享用這種美味點心。我喜歡把它對半切，烤過以後滴上融化奶油來享用。

### 十字部分的材料

水……90g（90ml或 ⅓杯）
植物油…40g（40ml或3湯匙）
中筋麵粉……75g（⅔杯）
食鹽……2g（½茶匙）

### 刷亮表面的材料

水……250g（250ml或1杯）
糖……150g（¾杯）
無蠟甜橙……½個
無蠟檸檬……½個
肉桂棒……2根
丁香……5個
八角茴香……3個

### 麵團的材料

新鮮酵母……10g
*或乾酵母（活性乾酵母）
……5g（1½茶匙）
糖……40g（3湯匙）

溫水……200g（200ml或¾杯）
中筋麵粉……200g（1¾杯）
無籽葡萄乾或金黃葡萄乾
……150g（1杯）
醋栗……150g（1杯）
薑粉……1茶匙
肉桂粉……1茶匙
丁香粉……¼茶匙
無蠟甜橙的磨碎橙皮……2個
無蠟檸檬的磨碎檸檬皮……3個
白高筋麵粉……200g（1¾杯）
食鹽……2g（½茶匙）
軟奶油（有鹽或無鹽皆可）
……90g（6湯匙）
大型雞蛋，稍微打散……1個

裝上簡單小花嘴的擠花袋

• 利用鋪上烘焙紙的烤盤，
  可做出15個麵包。

### 製作十字部分的混合物

1　將水和植物油放在量杯或類似容器中混合。

2　取一只小碗，混合麵粉與食鹽。

3　將油水混合物加入麵粉與食鹽混合物中，用木匙攪拌成混合均勻、平滑柔軟的糊狀物。

4　把麵糊蓋上，放在陰涼處備用。

### 製作刷亮表面的糖漿

5　將水、糖、甜橙、檸檬、肉桂、丁香與八角茴香一起放在醬汁鍋裡加熱煮沸。

6　液體沸騰時，鍋子離火，靜置於陰涼處，把香料與柑橘泡開。

7　這種糖漿可以在前一天做好，放在冰箱保存並重複使用。

1-1

1-2

2

3

## 製作麵團

1　取一只較大的攪拌盆，秤出適重酵母。加入糖和水，攪拌至酵母與糖完全溶化。加入中筋麵粉，用木匙攪拌至混合均勻，此為酵頭。（見圖1-1、1-2）

2　將酵頭蓋起來，放在溫暖處發酵至體積膨脹至兩倍，約需30分鐘。

3　在酵頭膨脹的同時，秤出適重水果乾、香料與柑橘皮，混合均勻後放一旁備用。

4　取另一只較小的攪拌盆，將高筋麵粉與食鹽混合，此為乾混合物。

5　一小塊、一小塊將奶油捏出來，用手指輕輕在乾混合物中搓揉，直到沒有明顯大塊的奶油為止。（見圖5-1、5-2）

6　30分鐘後，酵頭應該已經膨脹許多。

7　將雞蛋和酵頭加入麵粉混合物中，用手攪拌混合成團。（見圖7-1、7-2）

8　麵團蓋起，靜置10分鐘。

9　10分鐘後，按照第87頁步驟5揉麵團。

10 蓋上麵團，靜置10分鐘。

11 重複步驟9與步驟10三次。

12 將備妥的水果乾混合物加入麵團中，輕輕揉麵團，直到完全混合為止。

13 蓋上麵團，讓麵團靜置膨脹30分鐘。

14 做到這裡，若有必要，可以將麵團放在冰箱冷藏，等到隔日再繼續操作。若放入冰箱冷藏，在繼續進行下列步驟之前，應先將麵團放在室溫回溫約15分鐘。

15 在乾淨的工作檯上撒上少許麵粉。

16 將麵團放在工作檯上。

17 30分鐘後，用金屬刮板或鋒利鋸齒刀將麵團分成15等份。

18 每一份麵團的重量應該在70g（2½oz.）左右。如果想要精準測量，可將麵團分別秤重，再增加或減少每一份麵團的重量，直到它們全都等重為止。

19 取一份麵團，用雙手搓揉成完美的圓球狀，放在準備好的烤盤上。以同樣的方式處理剩餘麵團，麵團不要排得太緊密，確保每個麵團都有膨脹的空間，並將它們排列整齊。

20 蓋上麵團，讓麵團膨脹到將近兩倍大。

21 在烘烤前20分鐘，將烤箱預熱到220℃（425℉），溫度等級7。在烤箱底部放置一個深烤盤，和烤箱一起預熱。在旁邊放一杯水備用。

22 在擠花袋裡填入準備好的十字部分混合物。在麵團上方，沿著縱向與橫向擠出連續直線。

23 將烤盤放入預熱好的烤箱中。把一旁備用的水倒進炙熱的深烤盤裡，並將烤箱溫度降低到攝氏180度（350℉），溫度等級4。

24 烘烤約10～15分鐘，或直到麵包呈金棕色為止。

25 將麵包從烤箱拿出來，輕輕刷上已經放冷的刷亮用糖漿。

26 讓麵包在烤盤上放涼，便可享用。

# 德式杏仁聖誕麵包 *Marzipan Stollen*

沒有水果麵包的聖誕節，總讓人覺得少了點什麼。在德國，每到聖誕節人們就會準備中間包了杏仁糖膏的德式聖誕麵包。我們的烘焙坊（Judges Bakery）有幸以這款德式聖誕麵包贏得「布洛克威爾烘焙大賽」首獎與「超級美味獎」金牌獎。我對這款麵包極富感情，因為它是我向德國明斯特的一位烘焙暨糕點大師學習的成果。

優質杏仁糖膏
……100g（3½oz.）
香草糖，按個人喜好添加
糖粉，撒粉用

### 水果混合物的材料
無籽葡萄乾或金黃葡萄乾
……60g（½杯）
烤過去皮的杏仁條
……15g（2湯匙）
切丁的糖漬柑橘皮
……15g（1大湯匙）
無打蠟甜橙的現榨果汁與磨碎
橙皮……1個
無打蠟檸檬的現榨果汁與磨碎
檸檬皮……1個
蘭姆酒…15g（15ml或1湯匙）

### 麵團的材料
新鮮酵母……10g
*或乾酵母（活性乾酵母）
……5g（1½茶匙）
溫過的全脂牛奶……20g
（20ml或4茶匙）

白高筋麵粉
……20g（2½湯匙）
軟奶油（有鹽或無鹽皆可）
……50g（3湯匙加1茶匙）
糖……20g（2湯匙）
食鹽……1g（¼湯匙）
白豆蔻粉……1g（¼湯匙）
香草精……¼湯匙
中型雞蛋……1個
白高筋麵粉……150g（1¼杯）
融化奶油（有鹽或無鹽皆可）
……150g（10湯匙）

### 刷亮表面的材料
質地滑順的杏桃果醬
……30g（¼杯）
奶油（有鹽或無鹽皆可）
……45g（3湯匙）
糖……30g（2湯匙）
全脂牛奶……1湯匙

• 利用鋪上烘焙紙的烤盤，可
　做出1個中型聖誕麵包。

### 製作水果混合物（一週以前製作備用）
1　取一只大攪拌盆，把所有材料混合。
2　用保鮮膜將攪拌盆包好，在陰涼處靜置一週。待它可以使用
　　時，大部分液體應該已經被吸收了。

### 製作麵團
1　取一只較大的攪拌盆，秤出適重酵母。加入牛
　　奶，攪拌至酵母溶化。
2　加入20g麵粉，用木匙攪拌至均勻，此為酵頭。
3　將酵頭蓋起來，放在溫暖處發酵至體積膨脹兩
　　倍，約需要30分鐘。
4　在酵頭發酵的同時，取另一只較小的攪拌盆，放
　　入50g奶油和糖、鹽、白豆蔻粉與香草精，用打
　　蛋器攪打至軟。
5　一邊攪打一邊慢慢加入雞蛋，攪打均勻。
6　如果混合物呈分離狀態，可加入1茶匙麵粉（取
　　自材料中的150g白高筋麵粉），幫助結合。
7　從材料中的150g白高筋麵粉，取約一湯匙麵
　　粉，加入備妥的水果混合物中，以吸收殘存液
　　體，然後放一旁備用。
8　當酵頭完成發酵以後，加入奶油混合物。
9　將剩餘的150g白高筋麵粉加入混合物中，攪拌
　　成團。
10　將麵團蓋起來，靜置10分鐘。
11　10分鐘後，根據第87頁步驟5揉麵團。
12　再次蓋上麵團，靜置10分鐘。
13　重複步驟11與步驟12三次。
14　將備用的水果乾加入麵團，輕輕揉麵團，直到全
　　部融合為止。
15　蓋上麵團，讓麵團膨脹至兩倍大，約需1小時。
16　在乾淨的工作檯上撒上少許麵粉。
17　用拳頭輕壓拍打麵團以排出空氣，將麵團放在工
　　作檯上。

18 將麵團整成球形，讓麵團靜置，直到可以操作為止，約需要5分鐘。

19 此時，將杏仁糖膏整成短香腸狀。

20 在麵團上撒上一點麵粉，避免沾黏在擀麵棍上。

21 將杏仁糖膏放在麵團中央。

22 將兩側麵團拉起來，蓋住杏仁糖膏的兩端。

23 將靠近身體的那部分麵團往上摺，完全把杏仁糖膏蓋上。

24 再把另一部分麵團往下摺。

25 將麵團翻過來，接合處向下。順著中央的杏仁糖膏，用雙手幫麵團整形。

26 將麵團移到準備好的烤盤上，蓋起來並置於溫暖處，待麵團膨脹至將近兩倍大，約需30分鐘。

27 在烘烤前20分鐘，將烤箱預熱到200℃（400℉），溫度等級6。在烤箱底部放置一個深烤盤，和烤箱一起預熱。在旁邊放一杯水備用。

28 將烤盤放入預熱好的烤箱中。把一旁備用的水倒進炙熱的深烤盤裡，並將烤箱溫度降低到180℃（350℉），溫度等級4。

29 烘烤約20分鐘，或直到麵包呈金棕色為止。

30 要檢查是否烤透，可將麵包倒過來輕敲底部，如發出空洞的聲音即完成。如果還沒烤透，則將麵包放回烤箱中，繼續烤幾分鐘。

31 用銳利的刀子去掉黏在烤盤上的烤焦葡萄乾，小心不要傷到麵包。

32 在聖誕麵包表面刷上融化的熱奶油，待奶油被麵包吸收，再重複刷兩次奶油。

33 待聖誕麵包完全冷卻。

**製作刷亮光液並完成聖誕麵包**

34 將刷亮表面的材料放在平底鍋內煮開。

35 在冷卻的聖誕麵包表面（上面和下面）刷上亮光液。

36 在一只盤子上撒上大量香草糖，然後把剛刷上亮光液的聖誕麵包放上去。在麵包的上方與側面都撒上香草糖。

37 最後，在聖誕麵包上撒上糖粉。

26

32

36

37

# 德式罌粟籽聖誕麵包 *Poppyseed Stollen*

我非常喜愛德式杏仁聖誕麵包，不過利用罌粟籽製作的德式聖誕麵包也一樣出色。罌粟籽會變得很黏，能在麵包裡面形成漂亮的圖樣。這款麵包會是聖誕節餐桌上的另一個良伴。

香草糖，按個人喜好添加
糖粉，撒粉用

### 罌粟籽內餡的材料

罌粟籽……100g（6湯匙）
融化奶油…30g（2湯匙）
蜂蜜……2湯匙
中型雞蛋……1個
無籽葡萄乾或金黃葡萄乾
……50g（4湯匙）
杜蘭小麥細粉…50g（¼杯）
糖……20g（2湯匙）

### 麵團的材料

新鮮酵母……10g
*或乾酵母（活性乾酵母）
……5g（1½茶匙）
溫過的全脂牛奶……20g
（20ml或4茶匙）
白高筋麵粉……20g
（2½湯匙）
軟奶油（有鹽或無鹽皆可）
……50g（3湯匙加1茶匙）
糖……20g（2湯匙）
食鹽……1g（¼湯匙）
白豆蔻粉……1g（¼湯匙）
香草精……¼湯匙
中型雞蛋……1個
白高筋麵粉……150g
（1¼杯）
奶油（有鹽或無鹽皆可）
……100g（6½湯匙）

### 刷亮表面的材料

質地滑順的杏桃果醬
……30g（¼杯）
奶油（有鹽或無鹽皆可）
……45g（3湯匙）
糖……30g（2湯匙）
全脂牛奶……1湯匙

• 利用900g（8½×4½英吋）抹上植物油的麵包烤模，可做出1個大聖誕麵包。

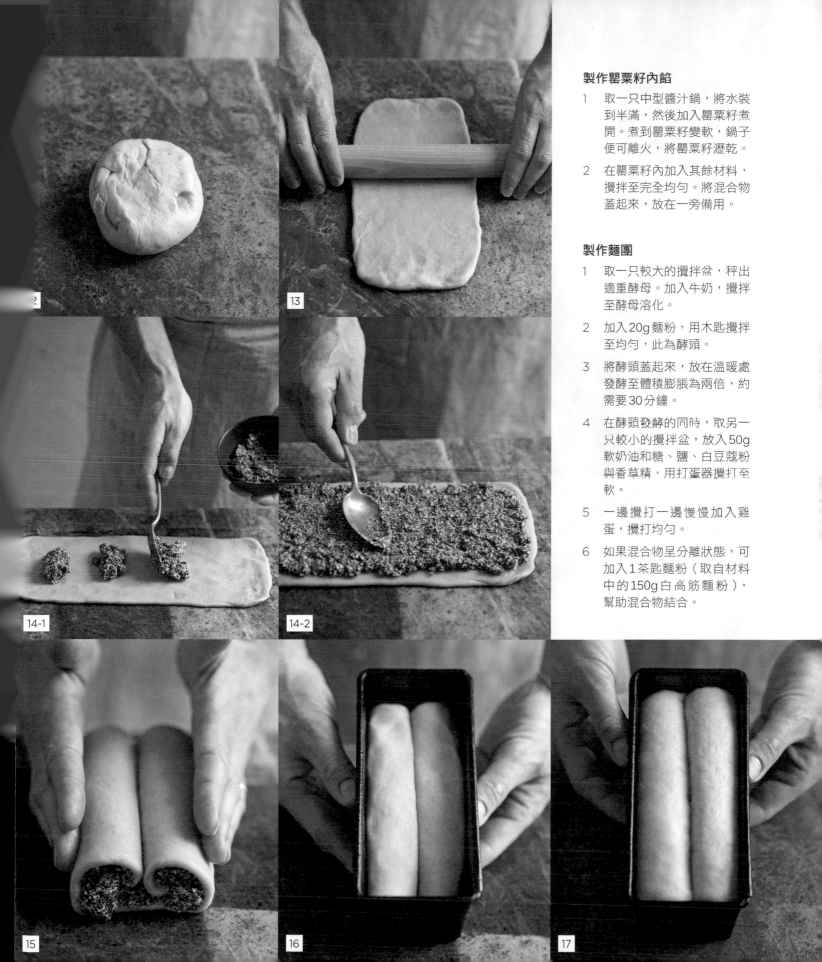

## 製作罌粟籽內餡

1  取一只中型醬汁鍋,將水裝到半滿,然後加入罌粟籽煮開。煮到罌粟籽變軟,鍋子便可離火,將罌粟籽瀝乾。

2  在罌粟籽內加入其餘材料,攪拌至完全均勻。將混合物蓋起來,放在一旁備用。

## 製作麵團

1  取一只較大的攪拌盆,秤出適重酵母。加入牛奶,攪拌至酵母溶化。

2  加入20g麵粉,用木匙攪拌至均勻,此為酵頭。

3  將酵頭蓋起來,放在溫暖處發酵至體積膨脹為兩倍,約需要30分鐘。

4  在酵頭發酵的同時,取另一只較小的攪拌盆,放入50g軟奶油和糖、鹽、白豆蔻粉與香草精,用打蛋器攪打至軟。

5  一邊攪打一邊慢慢加入雞蛋,攪打均勻。

6  如果混合物呈分離狀態,可加入1茶匙麵粉(取自材料中的150g白高筋麵粉),幫助混合物結合。

7 當酵頭完成發酵以後，加入奶油混合物中，然後將剩餘的 150g 白高筋麵粉加入混合物中，攪拌成團。之後，將麵團蓋起來靜置 10 分鐘。

8 10 分鐘以後，根據第 87 頁步驟 5 揉麵團。

9 再次蓋上麵團，靜置 10 分鐘。

10 重複步驟 8 與步驟 9 兩次，然後再重複步驟 8。

11 蓋上麵團，讓麵團膨脹至約莫兩倍大，約需 1 個小時。

12 用拳頭輕壓麵團以排出空氣，然後將麵團放在工作檯上。將麵團整成球形，讓麵團靜置鬆弛，直到可以操作為止，約需 5 分鐘。

13 用擀麵棍把麵團擀呈長 37 公分、寬 21 公分（長 15 英吋、寬 8½ 英吋）的長方形，或寬度小於麵包烤模長度的程度。

14 將罌粟籽混合物舀到麵團上，用湯匙背面抹平。（見圖 14-1、14-2）

15 從長方形的短邊開始往中間捲，然後在另一邊重複同樣的動作。

16 小心將麵團放入準備好的烤模中。

17 蓋上麵團並置於溫暖處，待麵團膨脹至將近兩倍大，約需 30 分鐘。

18 在烘烤前 20 分鐘，將烤箱預熱到 200℃（400℉），溫度等級 6。在烤箱底部放置一個深烤盤，和烤箱一起預熱。在旁邊放一杯水備用。

19 將烤模放入預熱好的烤箱中。把一旁備用的水倒進炙熱的深烤盤裡，並將烤箱溫度降低到攝氏 180℃（350℉），溫度等級 4。

20 烘烤約 20 分鐘，或直到麵包呈金棕色為止。

21 要檢查是否烤透，可將麵包倒過來輕敲底部，如發出空洞的聲音即完成。如果還沒烤透，則將麵包放回烤箱中，繼續烤幾分鐘。

22 將聖誕麵包脫模，並在表面刷上融化的熱奶油，待奶油被麵包吸收，再重複刷兩次。

23 待聖誕麵包完全冷卻。

### 製作刷亮光液並完成聖誕麵包

1 將刷亮光液的材料放在平底鍋內煮開。

2 在冷卻的聖誕麵包表面（上面和下面）刷上亮光液。

3 在一只盤子上撒上大量香草糖，然後把剛刷上亮光液的聖誕麵包放上去。在麵包的上方與側面都撒上香草糖，最後再撒上糖粉。

# 感謝協助本書的每一位家人朋友

這本書的完成，我想要特別感謝下列人士的協助。

史蒂夫‧佩因特與他的伴侶努艾拉，將我推薦給 Ryland Peters & Small 出版社，讓我有機會寫下這本書。我還要特別感謝他們兩人，在本書製作期間將住家讓出來給我們當成烘焙坊使用，也謝謝史蒂夫替我的作品拍下美麗的照片。在此，也要感謝本書編輯席琳‧休斯所給予的耐心和包容。

感謝本人任教的手作食品學院對本書的支持，並且出借許多小型工具作為拍攝道具。謝謝我在 2010 年 11 月烘焙認證班的學生，除了給予我鼓勵以外，更動手試做了許多麵包食譜。

感謝 Judges Bakery 的員工，能夠幫我代收一部分麵粉包裹。謝謝 Shipton Mill 磨坊的約翰‧李斯特與克萊夫‧梅呂姆，以及 Doves Farm 的傑叟羅‧馬里奇，願意慷慨贊助麵粉。謝謝我的太太麗沙，對本書所展現的熱忱與支持，也謝謝我的兒子諾亞，在我需要休息時能隨伴在側。謝謝我的母親、父親與兄弟，願意耐心傾聽我的工作進度報告，並在整段工作期間都不吝鼓勵。

謝謝岳母派特，協助將我的想法給記錄下來。

生活樹系列 032

# 經典歐式麵包大全：義大利佛卡夏‧法國長棍‧德國黑裸麥麵包，「世界級金牌烘焙師」的60道經典麵包食譜

How to Make Bread

作　　者　艾曼紐‧哈吉昂德魯（Emmanuel Hadjiandreou）
譯　　者　林潔盈
總 編 輯　何玉美
副總編輯　陳永芬
主　　編　紀欣怡
封面設計　IF OFFICE
內文排版　菩薩蠻數位文化有限公司

出版發行　采實文化事業股份有限公司
行銷企劃　黃文慧、王珉嵐
業務經理　廖建閔
業務發行　張世明、楊筱薔、鍾承達、李韶婕
會計行政　王雅蕙、李韶婉
法律顧問　第一國際法律事務所 余淑杏律師
電子信箱　acme@acmebook.com.tw
采實粉絲團　http://www.facebook.com/acmebook

ＩＳＢＮ　978-986-92812-3-2
定　　價　580 元
初版一刷　2016 年 5 月 10 日
劃撥帳號　50148859
劃撥戶名　采實文化事業有限公司
　　　　　100 台北市中山區建國北路二段 92 號 9 樓
　　　　　電話：（02）2518-5198
　　　　　傳真：（02）2518-2098

國家圖書館出版品預行編目(CIP)資料

經典歐式麵包大全：義大利佛卡夏‧法國長棍‧德國黑裸麥麵
包，「世界級金牌烘焙師」的60道經典麵包食譜 / 艾曼紐.哈吉昂
德魯（Emmanuel Hadjiandreou）作；林潔盈譯. -- 初版. -- 臺北
市：采實文化, 民 105.5　面 ； 公分. --（生活樹系列；32）
譯自：How to make bread
ISBN　978-986-92812-3-2（平裝）

1.點心食譜 2.麵包

427.16　　　　　　　　　　　　　　　105003002

To be translated
"First published in the United Kingdom
under the title How to Make Bread
by Ryland Peters & Small Limited
20-21 Jockey's Fields
London WC1R 4BW"
All rights reserved.
Chinese complex translation copyright © ACME Publishing
Ltd., 2016
Published by arrangement with Ryland Peters & Small Limited
through LEE's Literary Agency

版權所有，未經同意不得
重製、轉載、翻印